Handbuch
der
Differential- und Integral-Rechnung

von

S. F. Lacroix.

Nach der vierten verbesserten und vermehrten Original-Ausgabe (1828) aus dem Französischen übersetzt, und mit einigen Anmerkungen versehen

von

Dr. Fr. Baumann.

Variations- und Differenzen-Rechnung.

Dritter Theil.

Berlin, 1831.
gedruckt und verlegt bei G. Reimer.

Variations- und Differenzen-Rechnung.

Dritter Theil.

Inhalt
der Variations- und der Differenzen-Rechnung.

Von der Variations-Rechnung.

Das Aufsuchen der Variation einer beliebigen Function.

Die Maxima und Minima der unbestimmten Integralformeln.

Anhang zum Handbuch der Differential- und Integral-Rechnung. Von den Differenzen und den Reihen.

Von der directen Differenzen-Rechnung.

Anwendung der Differenzen-Rechnung auf die Interpolation der Reihen.

Von der Analogie der Differentiation und der Erhebung zu gewissen Potenzen.

Von der inversen Differenzen-Rechnung in Bezug auf explicite Functionen einer einzigen Veränderlichen.

Anwendung der Differenzen-Rechnung auf die Summation der Reihen.

Von der Integration der Differenzen-Gleichungen mit zwei Veränderlichen.

Anwendung der Integral-Rechnung auf die Theorie der Reihen.

Variations-Rechnung.

Aufsuchen der Variation einer beliebigen Function.

§. 356.

Alle früheren Anwendungen der Differential-Rechnung setzen voraus, daß die Abhängigkeit der Veränderlichen im Laufe einer Aufgabe beständig dieselbe bleibe. Allein es giebt verschiedene Arten von Aufgaben, für welche diese Abhängigkeit als veränderlich anzusehen ist, wie z. B. die folgende. Wenn V eine Function bedeutet, welche x, y und die Differential-Coefficienten von y enthält; so läßt das Integral

$$\int V dx$$

zwischen denselben Grenz-Werthen von x, eine unendliche Anzahl von Werthen zu, welche von der zwischen x und y festgestellten Relation abhangen, so daß man die Frage aufwerfen kann; „welche von allen möglichen Relationen macht das gegebene Integral zum Maximum oder Minimum?" Da das Integral $\int V dx$, wofern man die Relation zwischen y und x nicht particularisirt, das Maß einer allen krummen Linien gemeinschaftlichen Eigenschaft ausdrückt, so frägt es sich also, für welche krumme Linie jene Eigenschaft ein **Maximum** oder **Minimum** ist. Es ist ersichtlich, daß wenn CE Fig. 60. die letztere krumme Fig. 60. Linie ist, das Integral $\int V dx$ für jede andere krumme Linie $\gamma\varepsilon$ in dem ersteren Falle einen kleineren und in dem letzteren einen größeren Werth hat. Um jener Bedingung zu genügen, muß vor allen Dingen der Unterschied untersucht werden, den eine beliebige Aenderung in der Relation zwischen y und x oder in der Natur der diese Relation vorstellenden krummen Linie, zwischen den Werthen des Integrals $\int V dx$ bewirkt. Jene Aenderung drückt man dadurch aus, daß man y unabhängig von x variiren läßt; denn betrachtet man zwei krumme Linien CE und $\gamma\varepsilon$, so entspricht dieselbe Abscisse AP zweien Ordinaten PM und $P\mu$, und der Unterschied $M\mu$ dieser Ordinaten muß von den Unterschieden M'R und $\mu'\rho$, welche zwischen zwei bei derselben krummen Linie auf einander folgenden Ordinaten Statt finden, wohl unterschieden werden.

Lagrange, welcher den Anfang seiner Laufbahn durch seine Entdeckung der Variations-Rechnung auszeichnete, machte von dieser auch eine höchst wichtige Anwendung auf die Mechanik, deren Zweck man leicht überschauen kann, wenn man bemerkt, daß man die Coordinaten der verschiedenen Punkte eines sich bewegenden Körpers, entweder zur Beziehung zweier Punkte auf denselben Augenblick, oder zur Vergleichung zweier aufeinander folgenden Lagen desselben Punktes, in Betrachtung ziehen kann. In dem einen dieser Fälle findet zwischen den Coordinaten keine andere Abhängigkeit Statt, als diejenige, welche aus den den Körper begrenzenden Flächen entspringt; in dem andern ändern sich die Coordinaten den Bedingungen der vorgeschriebenen Bewegung gemäß, und mit einer neuen Veränderlichen, welche das Maß der Zeit ist. Hier erscheinen also wiederum zwei Arten, dieselben Größen variiren zu lassen, welche zweckmäßig durch verschiedene Bezeichnungen unterschieden werden. Diejenige Art, welche auf die vorhergehende folgt, veranlaßt **die Variations-Rechnung**, deren mannichfaltige Richtungen nur dadurch zusammengefaßt werden können, daß man ihr **den Zweck beilegt, Größen, welche schon unter einem Gesichtspunkte differentiirt worden, unter einem neuen nochmals zu differentiiren.** Man stellt hierauf bei dem zweiten Differentiations-Verfahren eine der Gattung der aufzulösenden Aufgaben angemessene Hypothese auf. *)

§. 357.

Lagrange bezeichnet die neue Differentiation mit dem Zeichen δ, und dieser Gebrauch hat überall Eingang gefunden. Um meine Grenzen nicht zu überschreiten, werde ich mich darauf beschränken, die Prinzipien der Anwendung der Variations-Rechnung auf geometrische Aufgaben zu entwickeln.

Bei diesen Aufgaben wird das Zeichen d beim Uebergange von einem Punkte zu einem andern auf derselben krummen Linie und das Zeichen δ beim Uebergange von einer krummen Linie zu einer andern angewandt. So wird M'R durch dy (60) und $M\mu$ durch δy bezeichnet, woraus folgt:

$$P'M'=y+dy,\ P\mu=y+\delta y.$$

Geht man vom Punkte M' zum Punkte μ' über, und zieht dann μr parallel mit MM', so wird man sehen, daß

$$\mu' r=\mu'\varrho-M'R=d.P\mu-d.PM$$

*) Siehe die „Mécanique analytique, 2e édit." B. I. S. 80.

die Aenderung von dy, von einer krummen Linie zur andern, ist, und man wird haben:

$$P'\mu' = P\mu + \varrho r + \mu' r = y + \delta y + dy + \delta dy$$
$$= y + dy + \delta(y + dy);$$

allein da der Punkt μ' ein auf der krummen Linie $y\varepsilon$ auf μ folgender Punkt ist, so hat man auch:

$$P'\mu' = y + \delta y + d(y + \delta y) = y + \delta y + dy + d\delta y.$$

Vergleicht man diese beiden Ausdrücke, so ergiebt sich:

„$\delta dy = d\delta y$".

Dieses kann auch ohne Betrachtung von krummen Linien bewiesen werden, wenn man den ursprünglichen Zustand von y durch $\varphi(x)$ und den Zustand von y nach der Variation durch eine andere Function $\psi(x)$ bezeichnet. *) Alsdann wird $\delta y = \psi(x) - \varphi(x)$ eine gewisse Function von x und folglich, wegen des ursprünglichen Zusammenhangs zwischen y und x, auch von y seyn. Bezeichnet man diese letztere Function durch π, so erhält man

---

*) Um den Functionen φ und ψ einen gemeinschaftlichen Ursprung zu geben, sah Euler, welcher sich beeilte, die Variations-Rechnung aufzunehmen und zu erläutern, den ursprünglichen Werth von y oder $\varphi(x)$ als von einer andern Function abgeleitet an, welche nebst der Veränderlichen x noch eine andere Veränderliche t enthält und in $\varphi(x)$ übergeht, wenn $t = o$. (Novi Comm. Acad. Petrop. t. XVI. p. 35). Durch dieses Hülfsmitttel wird

$$y + \delta y \text{ zu}$$
$$y + \frac{dy}{dt}dt,$$

und das unter der Annahme von $t = o$ zu nehmende $\frac{dy}{dt}$ stellt, so lange der Zusammenhang zwischen y und t noch nicht particularisirt ist, eine willkürliche Function von x vor. Der allgemeine Werth von y würde durch die Reihe

$$y + \frac{dy}{dt}\frac{dt}{1} + \frac{d^2y}{dt^2}\frac{dt^2}{1.2} + \text{etc.}$$

ausgedrückt werden, wofern die Veränderliche t in y und in deren Differential-Coefficienten der Null gleich angenommen wird. Nimmt man die Differential-Coefficienten dieser Reihe in Bezug auf x, so erhält man alle zu substituirenden Größen, um den nach den Potenzen von dt geordneten geänderten Zustand des Integrals $\int Vdx$ zu erlangen. Unter dieser Form führt Lagrange in der letzten Ausgabe seiner „Leçons sur le Calcul des Fonctions" die Variations-Rechnung auf, über welche er in sehr interessante Details eingeht. (Siehe den „Traité etc." in 4to. B. II. S. 723.)

$$\delta y = \pi(y).$$

Macht man, zur Abkürzung, $y + dy = y'$, so hat man nach diesem Gesetze ebenfalls

$$\delta y' = \pi(y');$$

hieraus schließt man

$$\delta y' - \delta y = \pi(y') - \pi(y) = d.\pi(y) = d\delta y;$$

allein da

$$dy = y' - y,$$

so erhält man durch's Nehmen der Variationen

$$\delta dy = \delta y' - \delta y = \pi(y') - \pi(y).$$

Folglich findet man auch hier wiederum:

$$\delta dy = d\delta y.$$

Es folgt hieraus bald, daß

$\delta d^2 y = d\delta dy = d^2\delta y$, und fährt man hiermit fort, so ergiebt sich bald der Haupt-Lehrsatz:

$$„\delta d^n y = d^n \delta y“$$

wodurch gestattet wird, das vor dem Zeichen d stehende Zeichen δ hinter das erstere zu stellen.

Um der Rechnung mehr Simmetrie zu geben, so wie auch um Umstände berücksichtigen zu können, welche sich auf die Grenzen der Integrale beziehen, und wovon wir später einige Beispiele sehen werden, läßt man x nicht minder variiren als y; allein der eben aufgestellte Lehrsatz hört darum nicht auf gültig zu seyn. Denn da das Gesetz der Variation obgleich willkürlich dennoch constant ist, so ist δx eine Function von x, woraus $\delta x'$ hervorgeht, wenn man in ihr x in x' verwandelt. Es folgt daher:

$$\delta dx = d\delta x,$$

und eben so:

$$\delta dV = d\delta V,$$

für jede von x, y und ihren Differentialen abhängige Function V.

§. 358.

Es findet ein ähnlicher Lehrsatz in Bezug auf das Zeichen $\int$ Statt. Denn stellt man $\int U$ durch U_1 vor, so erfolgt

$$dU_1 = U \text{ und hieraus } \delta dU_1 = \delta U;$$

läßt man das dem d vorhergehende δ demselben folgen, und geht alsdann zu den Integralen über, so findet man nach und nach

$$d\delta U_1 = \delta U, \quad \delta U_1 = \int \delta U;$$

setzt man nun wiederum für U_1 den obigen Werth derselben, so erhält man endlich:

$$„\delta\int U = \int \delta U“.$$

§. 359.

Dieses vorausgesetzt erhält man, wie man sieht, die Variation einer beliebigen x, y und ihre Differentiale von beliebigen Ordnungen enthaltenden Function U, wenn man annimmt, daß x und y respective in $x+\delta x$ und $y+\delta y$ übergehen, und δx, δy als beliebige Functionen, die eine von x und die andere von y, ansieht. Beschränkt man sich auf diejenigen Glieder, in welchen die Variationen den ersten Grad nicht übersteigen, so kommt die Operation darauf zurück, die Function U durch das gewöhnliche Verfahren, sowohl in Bezug auf x und y als auf ihre als unterschiedene Veränderlichen angesehenen Differentiale zu differentiiren, allein mit der Rücksicht, die letzte Differentiation durch δ anzudeuten. In der That ist es einleuchtend, daß unter dieser Annahme die Differentiale von

$$x,\ y,\ dx,\ dy,\ \text{2c.}$$
$$\delta x,\ \delta y,\ \delta dx,\ \delta dy,\ \text{2c.}$$

sind. Wenn also das gewöhnliche Differential von U

$$dU = Mdx + Nd^2x + Pd^3x + Qd^4x + \text{2c.}$$
$$+ mdy + nd^2y + pd^3y + qd^4y + \text{2c.}$$

ist, so wird es hinreichen, hierin das letzte d in δ zu verwandeln, wodurch erfolgt:

$$\delta U = M\delta x + N\delta dx + P\delta d^2x + Q\delta d^3x + \text{2c.}$$
$$+ m\delta y + n\delta dy + p\delta d^2y + q\delta d^3y + \text{2c.}$$

Wenn U unter der Form Vdx vorkommt, so daß V alsdann nur

$$x,\ y,\ \frac{dy}{dx} = p,\ \frac{dp}{dx} = q,\ \text{2c.}$$

enthält, so wird man haben:

$$dV = Mdx + Ndy + Pdp + Qdq + Rdr + \text{2c.},$$

und mithin wird die Variation von V seyn:

$$\delta V = M\delta x + N\delta y + P\delta p + Q\delta q + R\delta r + \text{2c.},$$

indem man bemerkt, daß die Größen p, q, r 2c., hier, als zwei unabhängige Veränderlichen x, und y enthaltend, angesehen werden müssen, und daß man folglich ihre Variation unter zwei verschiedenen Annahmen nehmen kann, nämlich indem man nur eine dieser Größen, oder indem man beide variiren läßt. Ich werde hier den letzten Gesichtspunkt festhalten, weil dieser, wie schon gesagt wurde, allgemeiner ist, und weil man hieraus die dem andern zukommenden Resultate ableiten kann, wenn man diejenigen Glieder ausläßt, welche sich auf die als constant anzusehende Veränderliche beziehen. Differentiirt man mit dem Zeichen δ die Brüche

$$\left.\begin{array}{l} p=\frac{dy}{dx} \\ q=\frac{dp}{dx} \\ r=\frac{dq}{dx} \end{array}\right\}, \text{ so findet man: } \left\{\begin{array}{l} \delta p=\frac{dx\delta dy-dy\delta dx}{dx^2}=\frac{d\delta y-pd\delta x}{dx} \\ \delta q=\frac{dx\delta dp-dp\delta dx}{dx^2}=\frac{d\delta p-qd\delta x}{dx} \\ \delta r=\frac{dx\delta dq-dq\delta dx}{dx^2}=\frac{d\delta q-rd\delta x}{dx} \end{array}\right.$$

rc. rc.,

und mit Hülfe dieser Formeln erhält man die Variation eines beliebigen Ausdruckes, welcher x, y und ihre Differentiale von irgend einer Ordnung enthält.

§. 360.

Handelt es sich um eine Integral-Formel $\int U$, in welcher U, wie oben, eine Function von x, y und von ihren Differentialen ist, so hat man:

$$\delta\int U=\int\delta U \text{ (358.)},$$

und nach 359:

$$\int\delta U=\int(M\delta x+N\delta dx+P\delta d^2x+Q\delta d^3x+\text{rc.})$$
$$+\int(m\delta y+n\delta dy+p\delta d^2y+q\delta d^3y+\text{rc.})$$

Dieser Ausdruck läßt noch eine einfachere Form zu: man muß ihn nämlich so gestalten, daß unter dem Zeichen $\int$ kein Glied zurückbleibt, welches zugleich die eines auf das andere bezogenen Zeichen d und δ enthält; und hierzu gelangt man, wenn man das Zeichen δ dem Zeichen d folgen läßt, und hierauf, auf die hier unten folgende Weise, durch Theile integrirt:

$$\int M\delta x=\int M\delta x,$$
$$\int N\delta dx=\int Nd\delta x=N\delta x-\int dN\delta x,$$
$$\int P\delta d^2x=\int Pd^2\delta x=Pd\delta x-\int dPd\delta x=Pd\delta x-dP\delta x+\int d^2P\delta x,$$
$$\int Q\delta d^3x=\int Qd^3\delta x=Qd^2\delta x-\int dQd^2\delta x=Qd^2\delta x-dQd\delta x+\int d^2Qd\delta x$$
$$=Qd^2\delta x-dQd\delta x+d^2Q\delta x-\int d^3Q\delta x,$$

rc. rc.

Eben so wird man haben:

$$\int m\delta y=\int m\delta y,$$
$$\int n\delta dy=\int nd\delta y=n\delta y-\int dn\delta y,$$
$$\int p\delta d^2y=\int pd^2\delta y=pd\delta y-dp\delta y+\int d^2p\delta y$$
$$\int q\delta d^3y=\int qd^3\delta y=qd^2\delta y-dqd\delta y+d^2q\delta y-\int d^3q\delta y,$$

rc.,

Substituirt man, so erfolgt:

$$\int\delta U = (N - dP + d^2Q - \text{etc.})\,\delta x + (P - dQ + \text{etc.})\,d\delta x$$
$$+ (Q - \text{etc.})\,d^2\delta x + \text{etc.}$$
$$+ (n - dp + d^2q - \text{etc.})\,\delta y + (p - dq + \text{etc.})\,d\delta y$$
$$+ (q - \text{etc.})\,d^2\delta y + \text{etc.}$$
$$+ \int(M - dN + d^2P - d^3Q + \text{etc.})\,\delta x$$
$$+ \int(m - dn + d^2p - d^3q + \text{etc.})\,\delta y.$$

Dieses Resultat besteht aus zwei ähnlichen Theilen, wovon der eine aus der Variation von x und der andere aus derjenigen von y hervorgegangen ist; und es ist leicht einzusehen, daß man dasselbe auf eine Function einer beliebigen Anzahl von Veränderlichen ausdehnen kann, wenn man für jede von diesen ähnliche Glieder einführt, wie die Veränderliche x oder y sie dargebracht hat.

§. 361.

Wenn der Ausdruck $\int U$ unter die Form $\int V dx$ gebracht worden, d. h. wenn in V nur die Veränderlichen x, y und Differential-Coefficienten von y vorkommen, so scheint die Entwickelung der Variation zu einer etwas verwickelteren Rechnung zu führen; allein es ergeben sich merkwürdige Folgerungen. Es ist zuerst zu bemerken, daß

$$\delta\int V dx = \int\delta(V dx) = \int V d\delta x + \int dx\,\delta V,$$
$$\int V d\delta x = V\delta x - \int dV\delta x,$$

und folglich:

$$\delta\int V dx = V\delta x + \int(dx\,\delta V - dV\delta x).$$

Die Größe $dx\,\delta V - dV\delta x$ läßt sich durch die §. 359. angegebenen Werthe von δV und dV näher bestimmen, so daß man erhält:

$$dx\,\delta V - dV\delta x = N\,(dx\,\delta y - dy\,\delta x) + P\,(dx\,\delta p - dp\,\delta x)$$
$$+ Q\,(dx\,\delta q - dq\,\delta x) + \text{etc.};$$

setzt man hierauf $p dx$ für dy, in demjenigen, womit N multiplicirt wird, und den Werth von δp (259.) in demjenigen, womit P multiplicirt wird, so findet man:

$$dx\,\delta y - dy\,\delta x = dx\,(\delta y - p\,\delta x)$$
$$dx\,\delta p - dp\,\delta x = d\delta y - p\,d\delta x - dp\,\delta x = d\,(\delta y - p\,\delta x),$$

woraus folgt:

$$dx\,\delta p - dp\,\delta x = d\left(\frac{dx\,\delta y - dy\,\delta x}{dx}\right).$$

Wenn man y in p und p in q verwandelt, so erhält man eben so:

$$dx\,\delta q - dq\,\delta x = d\left(\frac{dx\,\delta p - dp\,\delta x}{dx}\right),$$

u. s. f.: macht man also

$$\delta y - p\delta x = \omega,$$

so erfolgt:

$$dx\delta y - dy\delta x = \omega dx,\quad dx\delta p - dp\delta x = d\omega,$$

$$dx\delta q - dq\delta x = d\frac{d\omega}{dx},\ \text{rc.},$$

und mithin:

$$\int(dx\delta V - dV\delta x) = \int N\omega dx + \int P d\omega + \int Q d\frac{d\omega}{dx} + \text{rc.}$$

Integrirt man auf der zweiten Seite dieser Gleichung jedes Glied, welches eine Differentiation in Bezug auf ω enthält, durch Theile, so erhält man:

$$\int P d\omega = P\omega - \int\frac{dP}{dx}.\omega dx,$$

$$\int Q d\frac{d\omega}{dx} = Q\frac{d\omega}{dx} - \int\frac{dQ}{dx}d\omega$$

$$= Q\frac{d\omega}{dx} - \frac{dQ}{dx}\omega + \int\frac{1}{dx}d\frac{dQ}{dx}.\omega dx,$$

rc.;

und mit diesen Ausdrücken gelangt man endlich zu:

$$\delta\int V dx = V\delta x + \left\{P - \frac{dQ}{dx} + \text{rc.}\right\}\omega + \left\{Q - \text{rc.}\right\}\frac{d\omega}{dx} + \text{rc.} + \int\left\{N - \frac{dP}{dx} + \frac{1}{dx}d\frac{dQ}{dx} - \text{rc.}\right\}\omega dx.$$

Es läßt dieses Resultat sich leicht auf eine größere Anzahl von x abhängiger Veränderlichen ausdehnen, wenn man für jede von ihnen, den Gliedern, welche gefunden wurden, als man nur y betrachtete, ganz ähnliche Glieder hinzufügt. Allein es ist wichtig zu bemerken, daß wenn man für ω wiederum ihren Werth $\delta y - p\delta x$ setzt, der mit $\int$ behaftete Theil die Form:

$$\int\left\{N - \frac{dP}{dx} + \frac{1}{dx}d\frac{dQ}{dx} - \text{rc.}\right\}dx\delta y - \int\left\{N - \frac{dP}{dx} + \frac{1}{dx}d\frac{dQ}{dx} - \text{rc.}\right\}p dx\delta y$$

annimmt; und man sieht, daß in diesem Falle der Coefficient von δy und derjenige von δx eine Relation unter einander haben, welche man in dem vorhergehenden §. nicht wahrnimmt. Bezeichnet man den ersten Coefficienten mit ψ, so wird der zweite $-\psi p$ seyn.

§. 362.

Nicht weniger Aufmerksamkeit verdient eine andere Bemerkung, daß wenn man in der Entwickelung von $\delta\int U$ (360.)

$$M - dN + d^2P - d^3Q + \text{etc.} = o$$
$$m - dn + d^2p - d^3q + \text{etc.} = o$$

hätte, die Variation $\int\delta U$ vom Zeichen $\int$ gänzlich befreit seyn würde; allein diese Gleichungen sind gerade diejenigen, welche Statt finden müssen, damit U an sich selbst integrirbar ist. Diese im §. 280. berührte Behauptung läßt sich a priori beweisen, wenn man auf das Aufsuchen dieser Bedingungen die Methode der Variationen anwendet.

Ist nämlich U das Differential einer Function U_1, so hat man

$$U = dU_1, \text{ und folglich}$$
$$\delta U = \delta dU_1 = d\delta U_1,$$

weßhalb, wenn U ein genaues Differential ist, δU ebenfalls ein solches seyn muß. Hat man also in dem Ausdrucke von $\int\delta U$ alle Glieder, welche sich integriren lassen, unter dem Zeichen $\int$ weggeschafft, so muß der Inbegriff der zurückbleibenden von selbst Null seyn, ohne daß man irgend eine Relation zwischen x, y, δx und δy anzunehmen nöthig hat.

Da die Entwickelung von $\delta\int Vdx$ nur die einzige Bedingung

$$N - \frac{dP}{dx} + \frac{1}{dx} d \frac{dQ}{dx} - \text{etc.} = o$$

darbietet, so zeigt sie, daß die auf die Veränderliche x bezügliche unnütz wird, wenn die Function U auf die Form Vdx zurückgeführt ist, wo V nur x, y und Differential-Coefficienten von y enthält. *)

§. 363.

Diese Bemerkungen beschränken sich nicht auf den Ausdruck von $\int U$; sie erstrecken sich ebenfalls auf diejenigen von $\int\int U$,

---

*) Diese Transformation ist nicht immer möglich. Es seyen z. B. die beiden Functionen

$$\frac{dxd^2y + dyd^2x}{dx^2} \text{ und } \frac{dxd^2y - dyd^2x}{dx^2}$$

gegeben; verwandelt man hier dy in pdx und d^2y in $qdx^2 + pd^2x$ (131.), so verschwindet d^2x nur in der zweiten; man kann also nicht in der ersten y als unmittelbar von x abhängig ansehen (Siehe den „Traité etc.“ in 4to. B. I. S. 217).

$\int\int\int U$, 2c., welches die Anzahl der Integrationszeichen seyn mag; und sucht man auch die Variation dieser letzten Formeln, so findet man die Bedingungsgleichungen, welche Statt finden müssen, damit die Größe U das genaue Differential einer Function U_1 von der unmittelbar tieferen Ordnung, einer Function U_2 von der um zwei Einheiten tieferen Ordnung, 2c., ist.

In der That, weil

$$U_2 = \int U_1,\ U_1 = \int U,$$

so kommt zum Vorschein:

$$\delta U_2 = \delta\int U_1 = \int\delta U_1 = \int\delta\int U;$$

und man erhält δU_2, wenn man $\delta\int U$ von neuem integrirt. Allein nach §. 360. ist

$$\begin{aligned}\delta\int U = &(N - dP + d^2Q - \text{2c.})\delta x + (P - dQ + \text{2c.})\, d\delta x\\ &+ (Q - \text{2c.})\, d^2\delta x + \text{2c.}\\ &+ (n - dp + d^2q - \text{2c.})\delta y + (p - dq + \text{2c.})\, d\delta y\\ &+ (q - \text{2c.})\, d^2\delta y + \text{2c.}\\ &+ \int(M - dN + d^2P - d^3Q + \text{2c.})\,\delta x\\ &+ \int(m - dn + d^2p - d^3q + \text{2c.})\,\delta y:\end{aligned}$$

folglich hat man:

$$\begin{aligned}\delta U_2 = &\int(N - dP + d^2Q - \text{2c.})\,\delta x + \int(P - dQ + \text{2c.})\, d\delta x\\ &+ \int(Q - \text{2c.})\, d^2\delta x + \text{2c.}\\ &+ \int(n - dp + d^2q - \text{2c.})\,\delta y + \int(p - dq + \text{2c.})\, d\delta y\\ &+ \int(q - \text{2c.})\, d^2\delta y + \text{2c.}\\ &+ \int\int(M - dN + d^2P - d^3Q + \text{2c.})\,\delta x\\ &+ \int\int(m - dn + d^2p - d^3q + \text{2c.})\,\delta y;\end{aligned}$$

integrirt man diejenigen Glieder, welche noch Differentiale von δx oder δy enthalten, durch Theile, so findet man:

$$\begin{aligned}\delta U_2 = &(P - 2dQ + 3d^2R - \text{2c.})\,\delta x + (Q - 2dR + \text{2c.})\, d\delta x\\ &+ (R - \text{2c.})\, d^2\delta x + \text{2c.}\\ &+ (p - 2dq + 3d^2r - \text{2c.})\,\delta y + (q - 2dr + \text{2c.})\, d\delta y\\ &+ (r - \text{2c.})\, d^2\delta y + \text{2c.}\\ &+ \int(N - 2dP + 3d^2Q - 4d^3R + \text{2c.})\,\delta x\\ &+ \int(n - 2dp + 3d^2q - 4d^3r + \text{2c.})\,\delta y\\ &+ \int\int(M - dN + d^2P - d^3Q + d^4R - \text{2c.})\,\delta x\\ &+ \int\int(m - dn + d^2p - d^3q + d^4r - \text{2c.})\,\delta y.\end{aligned}$$

Dieses ist die gesuchte Variation, welche nur dann von den beiden Zeichen $\int$ befreit seyn wird, wenn die Gleichungen

$$N - 2dP + 3d^2Q - 4d^3R + \text{2c.} = 0$$

$$n - 2dp + 3d^2q - 4d^3r + \text{2c.} = 0$$

$$M - dN + d^2P - d^3Q + d^4R - \text{etc.} = 0$$
$$m - dn + d^2p - d^3q + d^4r - \text{etc.} = 0$$

identisch seyn werden; wenn δU_2 alsdann ein Mal, in Bezug auf Variationen, integrirt seyn wird, so findet man U_2 oder das zweite Integral der gegebenen Function.

Es sey z. B.

$$U = xd^2y + 2dxdy + yd^2x,$$

so hat man:

$$\delta U = d^2y\delta x + 2dyd\delta x + yd^2\delta x$$
$$+ d^2x\delta y + 2dxd\delta y + xd^2\delta y,$$
$$M = d^2y, \ N = 2dy, \ P = y,$$
$$m = d^2x, \ n = 2dx, \ p = x,$$

und die Bedingungsgleichungen werden:

$$2dy - 2dy = 0$$
$$2dx - 2dx = 0$$
$$d^2y - 2d^2y + d^2y = 0$$
$$d^2x - 2d^2x + d^2x = 0:$$

folglich ist die gegebene Function unmittelbar integrirbar. Der vom Zeichen $\int$ befreite Theil $y\delta x + x\delta y$ giebt, wenn man ihn in Bezug auf Variationen integrirt,

$$U_2 = xy.$$

Der Gang der obigen Rechnungen zeigt, daß die erste Integration einer Differential-Function von m Veränderlichen m Bedingungen erfordert, wenn jene Veränderlichen als unabhängig von einander betrachtet werden, und daß für eine Anzahl n von aufeinander folgenden Integrationen mn Bedingungsgleichungen Statt finden müssen. Man würde dieser nur $m - 1$ für die erste und $n(m-1)$ für alle Integrationen zusammen nöthig haben, wenn die gegebene Function auf die Form $\int^n V dx^n$ gebracht wäre, in welcher V nur Differential-Coefficienten enthält.

Von den Maximis und Minimis der unbestimmten Integral-Formeln. *)

§. 364.

Man kann Ausdrücke wie

$$\int y dx,\ \int\sqrt{dx^2+dy^2}$$

unbestimmte Integrale nennen, wenn der Function y keine bestimmte Form zugewiesen ist; allein, um eines Maximums oder Minimums fähig zu werden, müssen diese Integrale bestimmt (begrenzt) (229.) seyn, weil sie nur zwischen gegebenen Grenzen einen festen Werth haben werden, wenn y in x bestimmt seyn wird.

Die im §. 155. vorgetragenen Lehren, in Rücksicht auf Function, deren Form gegeben ist, lassen sich auch, mit Hülfe der Variations-Rechnung auf die unbestimmten Integrale anwenden.

Denn nach dem im §. 45. vorgezeichneten Gange kann das Resultat der Substitution von

$$x+\delta x,\ y+\delta y,\ dx+\delta dx,\ dy+\delta dy,\ \text{rc.},$$

für

$$x,\ y,\ dx,\ dy,$$

in einer beliebigen Function u von diesen Größen, nach den Potenzen der Variationen

$$\delta x,\ \delta y,\ \delta dx,\ \delta dy,\ \text{rc.}$$

geordnet werden, und δu wird alle diejenigen Glieder dieser Entwickelung enthalten, in welchen die Variationen den ersten Grad nicht übersteigen. Da diese Glieder zu gleicher Zeit mit den Variationen ihre Vorzeichen ändern, so müssen sie, nach der oben in's Gedächtniß gerufene Theorie, bei einem Maximum oder Minimum, welches auch die Variationen δx und δy seyn mögen, verschwinden: mithin muß seyn:

$$\delta u = o.$$

Wenn

$$u = \int U,$$

so erfolgt, nach §. 358., $\delta u = \int \delta U$; bei einem Maximum oder Minimum von $\int U$, hat man also

$$„\int \delta U = o“,$$

*) Es möchte zu wünschen seyn, daß, als Vorbereitung zum Folgenden, zunächst die Maxima und Minima von Differential-Formeln, welche frei vom Integral-Zeichen sind, hier behandelt worden wären.

B.

indem man beachtet, daß dieses Verschwinden von $\int\delta U$ zwischen den der $\int U$ angewiesenen Grenzen Statt finden muß. *)

Es folgt auch aus der nämlichen Theorie, daß die Bedingung $\delta u = o$ das Daseyn eines Maximums oder Minimums nicht zur nothwendigen Folge hat, weil außerdem diejenigen Glieder, in welchen die Variationen zum zweiten Grade steigen, immer dasselbe Vorzeichen beibehalten müssen. Allein die Discussion dieser letzteren Umstände ist zu verwickelt und zu fein, um hier aufgenommen werden zu können.

§. 365.

Die Entwickelung von $\int\delta U$ besteht aus zwei sehr verschiedenen Theilen (§. 360.), weil der eine vom Zeichen $\int$ befreit ist, und der andere demselben unterworfen bleibt. Man kann den ersteren durch

$$\alpha\delta x + \beta\delta y + \alpha_1 d\delta x + \beta_1 d\delta y + \text{etc.}$$

und den letzteren durch

$$\int\{\chi\delta x + \psi\delta y\}$$

vorstellen. Diese Theile können nicht unter einander verglichen werden, weil der letztere nicht integrirbar ist, so lange δx und δy die von der Natur der Aufgabe erheischte Unabhängigkeit beibehalten; und in diesem Zustande kann man den letzteren nur dadurch zum Verschwinden bringen, daß man getrennt die beiden Gleichungen aufstellt:

$$\chi = o, \quad \psi = o,$$

deren Anzahl im allgemeinen derjenigen der unabhängigen Variationen gleich ist. Allein hat man nur zwei Veränderlichen, und U kann die Form $V dx$ annehmen; so zeigt die Entwickelung der Variation von $\int V dx$, im §. 361., daß $\chi = -\psi p$, und daß folglich $\chi dx + \psi do$, eine Bedingung, welche sich leicht an jedem besondern Beispiele bewähren läßt. Es folgt hieraus, daß wenn eine der Gleichung $\chi = o$, $\psi = o$ Statt findet, die andere daraus hervorgeht, und daß man also nur eine einzige Relation zwischen x und y hat, welche man ebenfalls erhalten hätte, wenn man

$$\delta x = o$$

aufgestellt d. h. x gar nicht variiren gelassen hätte. Allein diese Annahme würde, wie man sehen wird, die Eigenschaften das in der Variation vom Zeichen $\int$ befreiten Theiles beschränken.

---

*) Sehr wichtige Beispiele hiervon finden sich in der „Mécanique céleste“ von Laplace, Band I. S. 23. B.

Es folgt aus dem Vorhergehenden, daß die im §. 362. angezeigten Gleichungen, welche die Bedingungen der Integrirbarkeit der Formeln $\int U$ und $\int V dx$ ausdrücken, und alsdann identisch sind, sobald sie dieses nicht sind die Relation zwischen y und x bestimmen, wodurch die gegebenen Integral-Formeln ein Maximum oder Minimum werden. Man erkennt leicht, daß diese Gleichungen sich bis zu derjenigen Ordnung erheben können, deren Exponent das Doppelte derjenigen des höchsten Differentials ist, welches in U oder V vorkommt.

§. 366.

Nachdem der mit $\int$ behaftete Theil verschwunden, bleibt noch der Ausdruck

$$\alpha \delta x + \beta \delta y + \alpha_1 d\delta x + \beta_1 d\delta y + \text{rc.}$$

übrig, den ich, der Kürze wegen, mit φ bezeichnen will: man erhält alsdann

$$\int \delta U = \varphi + \text{const.}$$

und der vollständige Werth dieses Integrals wird gefunden, wenn man den Unterschied der Werthe von φ nimmt, welche den beiden Grenzen des Integrals entsprechen (229.); so daß, wenn φ' der ersten und φ'' der zweiten Grenze entspricht, alsdann:

$$\int \delta U = \varphi'' - \varphi',$$

weßhalb für das Maximum oder Minimum des Integrals $\int U$ nun die Bedingung

$$\varphi'' - \varphi' = 0$$

zum Vorschein kommt; allein man muß wohl bemerken, daß diese Gleichung nur noch Größen enthält, welche sich auf die Grenzen des Integrals $\int U$ beziehen, und daß alsdann die Variationen δx, δy, δdx, δdy rc. entweder Null oder nur durch gegebene Relationen unter einander verknüpft seyn können, je nachdem jene Grenzen feste oder veränderliche seyn werden. Die geometrische Erörterung dieser verschiedenen Umstände wird dieselben hinreichend aufhellen.

Der erste Umstand tritt ein, wenn die krumme Linie, welche das gegebene Integral zum Maximum oder Minimum macht, unter allen denjenigen krummen Linien zu nehmen ist, welche der Nothwendigkeit unterworfen sind, durch zwei Punkte hindurchzugehen, deren Coordinaten genau angegeben sind, so wie Alles, was sich auf sie bezieht, und daß das Integral bei dem einen dieser Punkte anfangen und bei dem andern aufhören muß. Bezeichnen x', y' die Coordinaten des ersten und x'', y'' diejenigen des zweiten Grenzpunktes, so werden diese Größen in so fern sie allen in der fraglichen Aufgabe zu betrachtenden krummen Linien angehören, keine Variation erleiden. Wenn man also x und y in x' und y' und hierauf in x'' und y'' verwandelt, so muß man machen:

$$\delta x' = o, \delta y' = o, \delta x'' = o, \delta y'' = o.$$

Die mit diesen Variationen behafteten Glieder werden alsdann von selbst in der Gleichnng $\varphi'' - \varphi' = o$ verschwinden, welche demnach bestätigt seyn wird, wenn sie nur solche Glieder enthält; und die aus der Gleichung $\chi = o$ hergeleitete krumme Linie wird die Aufgabe vollständig lösen, wofern man sie nur durch die beiden gegebenen Punkte hindurchgehen läßt, welches sich im allgemeinen durch die Bestimmung der willkürlichen Constanten bewerkstelligen läßt, welche im Integrale der erwähnten Gleichung vorkommen, die alsdann von der zweiten Ordnung ist.

Wenn die Gleichung $\varphi'' - \varphi' = o$ außerdem mit $\delta dx'$, $\delta dy'$, $\delta dx''$, $\delta dy''$ behaftete Glieder enthält, und, außer der vorhergehenden Bedingung, die Tangenten der gesuchten krummen Linie bei den Grenzen des Integrals eine gegebene Neigung haben müssen, so verschwinden jene Glieder auch von selbst, weil, insofern die Differentiale dx und dy bei jenen Grenzen alsdann keine Veränderung erleiden, die Variationen $\delta dx'$, $\delta dy'$, $\delta dx''$, $\delta dy''$ Null werden, und lassen also auch diejenigen Glieder verschwinden, in welchen sie vorkommen. Allein, um die gesuchte krumme Linie dieser Bedingung in Rücksicht auf ihre Tangenten in ihren äußersten Punkten zu unterwerfen, muß ihre Gleichung zwei willkürliche Constanten mehr enthalten, als in dem vorher untersuchten Falle, und mithin muß die Differentialgleichung $\chi = o$ von der vierten Ordnung seyn. Dieses mag hinreichen, um zu zeigen, wie die Gleichung $\varphi'' - \varphi' = o$ bestätigt werden muß, wenn die Coordinaten der Grenzen und ihre Differential-Coefficienten feste Werthe haben. Ich gehe nun zu den Fällen über, wenn die Grenzen als veränderlich angesehen werden sollen.

§. 367.

Man kann verlangen, daß die, mit dem Maximum oder Minimum in Bezug auf die fragliche Eigenschaft versehene, krumme Linie nicht unter denjenigen krummen Linien, welche durch zwei gegebene Punkte gehen, sondern unter denjenigen gewählt werde, welche zwischen zwei gegebenen krummen Linien AA' und BB' (Fig. 61.) gezogen seyn sollen, ohne daß die Punkte Fig. 61.
bestimmt seyen, in welchen die letzteren krummen Linien durch die gesuchte Linie geschnitten werden. Es ist ersichtlich, daß wenn man alsdann von der krummen Linie AB zu einer andern A'B' übergeht, die Endpunkte A und B sich bewegen; die Abscissen, welche dem Anfange und Ende des Integrals ent-

sprechen, nachdem es variirt worden ist, sind nicht mehr diejenigen, welche dem ursprünglichen Zustande desselben entsprachen, und die hierauf bezüglichen Ordinaten haben sich nach dem Gesetze geändert, welches zwischen den krummen Linien AA' und BB' aufgestellt wurde. Bei dem gegenwärtigen Umstande müssen die Variationen der Ordinaten und diejenigen ihrer Abscissen dieselben Relationen gegen einander haben, wie die Differentiale, welche sich auf die krummen Linien AA', BB' beziehen, Relationen, welche durch die gegebenen Gleichungen dieser krummen Linien dargeboten werden. Es ist demnach nöthig, sie in die Gleichung $\varphi'' - \varphi' = 0$ einzuführen; und, um diese hierauf zu bewähren, müssen die Coefficienten der unabhängig bleibenden Variationen, jeder insbesondere, gleich Nnll gesetzt werden.

Enthält die Function $\int U$ Differentiale von noch höherer Ordnung, so kann man, weil die Anzahl der Glieder der Gleichung $\varphi'' - \varphi' = 0$ zunimmt, noch andere neue Bedingungen für die Grenzen aufstellen, z. B. verlangen, daß die krumme Linie AB unter allen denjenigen gewählt werde, welche die Linien AA' nnd BB' zugleich berühren. Wegen dieser letzteren Bedingung müssen die auf die Grenzen des Integrals bezüglichen Coordinaten x und y nicht nur die durch die Gleichungen jener krummen Linien ausgedrückten Relationen erfüllen, sondern es muß sich eben so mit ihren Differentialen verhalten. Folglich sind die Variationen $\delta dx'$, $\delta dy'$, $\delta dx''$, $\delta dy''$ nicht mehr unabhängig, und müssen mit den auf die gegebenen krummen Linien bezüglichen zweiten Differentialen zusammenfallen. Man kann vermittelst dieser Relationen einige der Variationen $\delta dx'$, $\delta dy'$, $\delta dx''$, $\delta dy''$ aus der Gleichung $\varphi'' - \varphi' = 0$ eliminiren, und man bewährt diese Gleichung also dadurch, daß man die Coefficienten der übrig bleibenden völlig willkürlichen Variationen, jeden insbesondere, gleich Null setzt.

Da die Gleichungen, welche man sich hierdurch verschafft, Relationen zwischen den Coordinaten der äußersten Punkte der gesuchten krummen Linie begründen, so betreffen sie nothwendig die durch die Integration der Gleichung $\chi = 0$ eingeführten willkürlichen Constanten und dienen dazu, diese letzteren zu bestimmen.

§. 368.

Man hat hierauf noch zu bemerken, daß weil es Umstände giebt, in welchen auf die Variationen der Grenzen der Integrale zu achten ist, die Coordinaten x', y', x'', y'' dieser Grenzen, wenn sie in dem Ausdrucke von U vorkommen, eben so gut als x und y nothwendig hierin variirt werden müssen, weßhalb δU um folgende Glieder zu vermehren seyn würde:

$$A'\delta x' + B'\delta y' + A''\delta x'' + B''\delta y''$$
$$+ A'_1 d\delta x' + B'_1 d\delta y' + A''_1 d\delta x'' + B''_1 d\delta y'' + \text{rc.}$$

Allein da die Variationen $\delta x'$, $\delta y'$, $\delta x''$, $\delta y''$ von den unbestimmten Coordinaten x und y unabhängig sind, so bekommen sie außerhalb das Zeichen $\int$, während die Functionen A', A'', rc. A'_1, A''_1, rc. demselben unterworfen bleiben. Man hat demnach in den ersten Theil der Variation $\int \delta U$ die Glieder

$$dx'\int A' + \delta y'\int B' + \delta x''\int A'' + \delta y''\int B''$$
$$+ d\delta x'\int A'_1 + d\delta y'\int B'_1 + d\delta x''\int A''_1 + d\delta y''\int B''_1 + \text{rc.}$$

einzuführen, indem man nicht unterläßt, diese Integrale zwischen denselben Grenzen zu nehmen, welche beim gegebenen Integrale vorgeschrieben sind.

Man sieht nicht sogleich ein, wozu die vorhergehenden Glieder werden, wenn eine der Grenzen zugleich Anfangspunkt der Coordinaten wird. Man vermeidet diese Schwierigkeit, wenn man zuerst

$$x = X - x', \quad y = Y - y'$$

macht und den Anfangspunkt der Coordinaten X, Y als fest, die Größen x', y' aber als veränderlich ansieht; es erfolgt alsdann

$$\delta x = \delta X - \delta x', \quad \delta y = \delta Y - \delta y'.$$

Was die Differentiale dx, dy rc. anbelangt, so hangen diese nicht von den Größen x' und y' ab, und nehmen mithin keine Variation an: der Ausdruck von δU wird also nur

$$M(\delta X - \delta x') + N\delta dX + \text{rc.}$$
$$+ m(\delta Y - \delta y') + n\delta dY + \text{rc.}$$

Es ist erlaubt, hierauf x', y' gleich Null zu machen, wofern man die Variationen $\delta x'$, $\delta y'$ bestehen läßt, welche als der erste Grad ihrer Größe angesehen werden können. Alsdann werden X und Y wiederum x und y, und die Aenderung des Ausdrucks von $\int \delta U$ reducirt sich auf die Glieder $-\delta x'\int M - \delta y'\int m$, deren Integrale zwischen den ursprünglichen Grenzen zu nehmen sind.

§. 369.

Es sey die Aufgabe gestellt, y so in x zu bestimmen, daß das zwischen zwei gegebenen Grenzen genommene Integral

$$\int \sqrt{dx^2 + dy^2}$$

zu einem Minimum werde, oder was dasselbe ist, die kürzeste Linie, die man in einer Ebene zwischen zwei gegebenen Punkten ziehen könne, aufzufinden.

Mat hat hier

$$\delta U = \delta \sqrt{dx^2 + dy^2} = \frac{dx\delta dx + dy\delta dy}{\sqrt{dx^2 + dy^2}},$$

und

$$\int\delta U = \int\frac{dx}{ds}\,d\delta x + \int\frac{dy}{ds}\,d\delta y,$$

wenn man $\sqrt{dx^2+dy^2}=ds$ macht, und das Zeichen δ versetzt. Integrirt man hierauf durch Theile, so findet man

$$\int\delta U = \frac{dx}{ds}\delta x + \frac{dy}{ds}\delta y - \int\left(d\frac{dx}{ds}\delta x + d\frac{dy}{ds}\delta y\right),$$

und der mit dem Zeichen $\int$ behaftete Theil giebt (365.)

$$d\frac{dx}{ds}=o, \text{ weßhalb } \frac{dx}{ds}=C,\ \frac{dy}{dx}=C',\ y=C'x+C''.$$

Dieses Resultat bezeichnet die gerade Linie, wie man erwarten mußte, und die Constanten, welche es enthält, werden dazu dienen, die auf die Punkte, zwischen welchen die Linie gezogen werden soll, bezüglichen Bedingungen zu erfüllen.

Da der vom Zeichen $\int$ befreite Theil oder φ (366.) nur die Variationen der Coordinaten der äußersten Punkte enthält, so verschwindet er, wenn diese fest sind, und die Constanten C', C'' werden alsdann dadurch bestimmt, daß man die fragliche Linie durch diese Punkte gehen läßt. Sind die Punkte nicht fest, sondern müssen sie sich nur in gegebenen krummen Linien befinden, so müssen die unbekannten Größen x', y' und x'', y'' nebst ihren Variationen der Gleichung $\varphi''-\varphi'=o$ genügen, welche hier wird:

$$\frac{dx''}{ds''}\delta x'' + \frac{dy''}{ds''}\delta y'' - \frac{dx'}{ds'}\delta x' - \frac{dy'}{ds'}\delta y' = o,$$

so wie auch den Gleichungen der gegebenen krummen Linien, deren Differentiale ich durch

$$dy=m\,dx,\quad dy=n\,dx$$

vorstellen will: man wird also erhalten (367.)

$$\delta y'=m'\delta x',\quad \delta y''=n''\delta x'',$$

$$\left(\frac{dx''}{ds''}+n''\frac{dy''}{ds''}\right)\delta x'' - \left(\frac{dx'}{ds'}+m'\frac{dy'}{ds'}\right)\delta x' = o.$$

Wegen der gegenseitigen Unabhängigkeit der Variationen $\delta x''$ und $\delta x'$, zerfällt diese Gleichung in die folgenden:

$$dx''+n''dy''=o \text{ oder } \frac{dy''}{dx''}=-\frac{1}{n''},$$

$$dx'+m'dy'=o \text{ oder } \frac{dy'}{dx'}=-\frac{1}{m'},$$

welche an Tag legen, daß die fragliche Gerade auf jeder der gegebenen krummen Linien senkrecht stehen muß.

Gemäß der Gleichung

$$y = C'x + C''$$

hat man

$$dy = C'dx,$$

für alle Punkte der Geraden, und die vorhergehenden Gleichungen werden demgemäß:

$$1 + C'n'' = o, \quad 1 + C'm' = o;$$

allein die Constante C' hängt von den Coordinaten der äußersten Punkte ab, weil die Gleichung der durch jene Punkte gehenden Geraden,

$$y - y' = \frac{y' - y''}{x' - x''}(x - x'),$$

$$C' = \frac{y' - y''}{x' - x''} \text{ giebt;}$$

und substituirt man diesen Werth von C', so erfolgen die Gleichungen

$$x' - x'' + n''(y' - y'') = o, \quad x' - x'' + m'(y' - y'') = o,$$

deren Verbindung mit denjenigen der gegebenen krummen Linien die Punkte bestimmt, durch welche der kürzeste Abstand jener krummen Linien hindurchgeht, und die Lösung der gegebenen Aufgabe demnach völlig zu Ende führt.

Man gelangt zu denselben Gleichungen, wenn man zuerst annimmt, daß die äußersten Punkte fest seyen, wo man alsdann zwischen x und y die Gleichung

$$y - y' = \frac{y' - y''}{x' - x''}(x - x')$$

hat. Denn durch diese Relation wird das Integral

$$\int \sqrt{dx^2 + dy^2},$$

zwischen den Abscissen x' und x'',

$$(x' - x'')\sqrt{1 + \left(\frac{y' - y''}{x' - x''}\right)^2} = \sqrt{(x' - x'')^2 + (y' - y'')^2},$$

und die bloße Anwendung der Differential-Rechnung reicht aus, um das Minimum dieses Ausdrucks zu bestimmen, wenn auf die durch die Gleichungen der gegebenen krummen Linie zwischen x', y' und x'', y'' begründete Abhängigkeit geachtet wird.

So konnte man, ohne Hülfe der, durch die Methoden von Euler und Bernoulli nicht dargebotenen, Gleichung $\varphi'' - \varphi' = o$, die Auflösung der der vorigen ähnlichen Aufgaben vollenden, so oft man das gegebene Integral zu finden wußte. Allein beachtend, daß dieses Integral eine implicite Function von Größen ist, welche sich auf seine Grenzen beziehen, suchte Poisson, vermittelst der Differentiation unter dem Zeichen $\int$ (281), die Bedingungen des absoluten Maximums des gegebenen Integrals unmittelbar in Bezug auf jene Größen; und er gelangte zu derselben Gleichung $\varphi'' - \varphi' = o$, welche die Variations-Rechnung darbrachte. *)

§. 370.

Wird die Aufgabe des vorigen §. auf den Raum bezogen, so sind z und y als Functionen von x in dem Integrale

$$\int \sqrt{dx^2 + dy^2 + dz^2}$$

zu bestimmen.

Macht man $\sqrt{dx^2 + dy^2 + dz^2} = ds$, so hat man hier:

$$\int \delta \sqrt{dx^2 + dy^2 + dz^2} = \int \frac{dx}{ds} d\delta x + \int \frac{dy}{ds} d\delta y + \int \frac{dz}{ds} d\delta z =$$

$$\frac{dx}{ds}\delta x + \frac{dy}{ds}\delta y + \frac{dz}{ds}\delta z - \int \left(d\frac{dx}{ds}\delta x + d\frac{dy}{ds}\delta y + d\frac{dz}{ds}\delta z\right).$$

Der vom Zeichen $\int$ befreite Theil liefert die drei Gleichungen

$$d\frac{dx}{ds} = o, \quad d\frac{dy}{ds} = o, \quad d\frac{dz}{ds} = o,$$

deren sämmtliche Verbindungen zwei zu zwei darin übereinstimmen,

$$\frac{dz}{dx} = \text{const.}, \quad \frac{dz}{dy} = \text{const.}$$

darzubringen, weßhalb die gesuchte Linie eine Gerade ist.

Wenn diese Gerade zwischen einem festen Punkte und einer krummen Oberfläche gezogen werden soll, deren Differentialgleichung

$$dz = p dx + q dy$$

seyn soll, so muß bei der letzten Grenze

$$\delta z'' = p'' \delta x'' + q'' \delta y''$$

seyn. Da die erste eine feste ist, so macht sie $\varphi' = o$, und der Werth von $\delta z''$ verwandelt $\varphi'' = o$ in

$$(dx'' + p'' dz'')\delta x'' + (dy'' + q'' dz'')\delta y'' = o;$$

setzt man die Coefficienten der von einander unabhängigen Variationen gleich Null, so erfolgt

$$dx'' + p'' dz'' = o, \quad dy'' + q'' dz = o,$$

woraus man vermittelst §. 150. ersieht, daß die gesuchte Gerade auf der gegebenen Oberfläche senkrecht ist.

Wenn jene kürzeste Linie ihrer ganzen Ausdehnung nach in einer gegebenen Oberfläche liegen muß, so müssen die unter dem

*) Siehe den „Traité etc." in 4to. B. II. S. 742.

Zeichen $\int$ befindlichen Variationen δx, δy, δz der Differential-Gleichung dieser Oberfläche genügen, welche ich durch

$$dz = pdx + qdy$$

darstellen will: man macht also

$$\delta z = p\delta x + q\delta y,$$

wodurch $\int \delta U$ übergeht in

$$\left(\frac{dx}{ds} + p\frac{dz}{ds}\right)\delta x + \left(\frac{dy}{ds} + q\frac{dz}{ds}\right)\delta y$$

$$-\int \left\{\left(d\frac{dx}{ds} + pd\frac{dz}{ds}\right)\delta x + \left(d\frac{dy}{ds} + qd\frac{dz}{ds}\right)\delta y\right\}.$$

Aus dem mit $\int$ behafteten Theile zieht man die Gleichungen

$$d\frac{dx}{ds} + pd\frac{dz}{ds} = o,\quad d\frac{dy}{ds} + qd\frac{dz}{ds} = o,$$

deren eine einzige, in Verbindung mit derjenigen der gegebenen Oberfläche hinreichend ist (361), die Natur der krümmsten Linie zu bestimmen, welche auf jener Oberfläche zwischen zwei Punkten gezogen werden kann.

Nimmt man an, daß die fragliche Linie zwischen einem festen Punkte und einer auf derselben Oberfläche befindlichen krummen Linie zu ziehen sey, so hat man zuerst $\varphi' = o$; und bezeichnet man die Differentialgleichung der Projection der gegebenen krummen Linie auf die Ebene der x, y durch

$$dy = ndx,$$

so erfolgt

$$\delta y'' = n\delta x'';$$

und da hierauf die Gleichung $\varphi'' = o$ in

$$dx'' + p''dz'' + (dy'' + q''dz'')\, n'' = o$$

übergeht, so giebt dieselbe kund, daß die fraglichen krummen Linien einander unter rechten Winkeln schneiden.

§. 371.

Ich will noch diejenige Beziehung zwischen x und y aufsuchen, welche das Integral

$$\int \frac{\sqrt{dx^2 + dy^2}}{\sqrt{2(y - Y)}},$$

in welchem Y eine Function der auf die Grenzen bezüglichen Coordinaten x′, y′ und x″, y″ vorstellen soll, zu einem Minimum zu machen geeignet ist. *)

*) Diese Aufgabe ist die von der Brachystochrone d. i. von derjenigen krummen Linie, durch welche ein Körper von einem Punkte zu einem andern in der möglich kürzesten Zeit hinuntersteigt.

Um die Aufgabe in völliger Allgemeinheit zu lösen, muß man Y eben so wohl als y variiren lassen (368). Es sey

$$\sqrt{2(y-Y)}=u \text{ und } \sqrt{dx^2+dy^2}=ds,$$

so erfolgt

$$\delta u=\frac{\delta y-\delta Y}{u}, \ \delta ds=\frac{dx}{ds}d\delta x+\frac{dy}{ds}d\delta y, \text{ und}$$

$$\int\delta\frac{ds}{u}=-\int\frac{ds}{u^3}(\delta y-\delta Y)+\int\frac{dx}{uds}d\delta x+\int\frac{dy}{uds}d\delta y$$

$$=\delta Y\int\frac{ds}{u^3}+\frac{dx}{uds}\delta x+\frac{dy}{uds}\delta y$$

$$-\int\left\{d\frac{dx}{uds}\delta x+\left(\frac{ds}{u^3}+d\frac{dy}{uds}\right)\delta y\right\}.$$

Man zieht aus den mit dem Zeichen $\int$ behafteten Gliedern die beiden Gleichungen

$$d\frac{dx}{uds}=o, \ \frac{ds}{u^3}+d\frac{dy}{uds}=o;$$

die erstere, welche die einfachere ist, giebt

$$\frac{dx}{uds}=C, \text{ weßhalb}$$

$$\frac{dx}{\sqrt{dx^2+dy^2}}=C\sqrt{2(y-Y)}.$$

Dieses Resultat deutet auf eine Cycloide (114.); denn macht man in ihm $y-Y=z$, so leitet man daraus ab:

$$dx=\frac{dz\sqrt{2C^2}.\sqrt{z}}{\sqrt{1-2C^2z}}=\frac{zdz}{\sqrt{\frac{1}{2C^2}z-z^2}}.$$

Wenn $\delta Y=o$, so giebt die Größe φ für die Grenzen die Gleichungen

$$dx''\delta x''+dy''\delta y''=o, \ dx'\delta x'+dy'\delta y'=o,$$

aus welchen man, wie im §. 369., erkennen kann, daß wenn die gesuchte krumme Linie zwischen zwei andern zu ziehen ist, sie denselben unter rechten Winkeln begegnen muß.

Wenn δY nicht Null ist, so muß man den Werth von $\int\frac{ds}{u^3}$ zwischen den Grenzen des gegebenen Integrals berechnen; allein die durch den Coefficienten von δy unter dem Zeichen $\int$ gelieferte Gleichung

$$\frac{ds}{u^3}+d\frac{dy}{uds}=o$$

giebt

$$\int\frac{ds}{u^3}=-\frac{dy}{uds}+\text{const.};$$

und bemerkt man, daß δY, welche von den unbestimmten Veränderlichen x und y unabhängig ist, sich von einer Grenze zur andern nicht ändern darf, so geht die Gleichung $\varphi''-\varphi'=o$ über in

$$\left.\begin{array}{l}-\frac{dy''}{u''ds''}\delta Y+\frac{dx''}{u''ds''}\delta x''+\frac{dy''}{u''ds''}\delta y''\\+\frac{dy'}{u'ds'}\delta Y-\frac{dx'}{u'ds'}\delta x'-\frac{dy'}{u'ds'}\delta y'\end{array}\right\}=o$$

Nimmt man bloß $Y=y'$ an, woraus folgt $\delta Y=\delta y'$, so erhält man, wenn man die auf jede Grenze bezüglichen Variationen reducirt und trennt

$$\frac{dx''}{u''ds''}\delta x''+\frac{dy''}{u''ds''}\delta y''=o$$

$$\frac{dx'}{u'ds'}\delta x'+\frac{dy''}{u''ds''}\delta y'=o;$$

macht man hierauf, wie in §. 396.,

$$\delta y''=n''\delta x'',\ \delta y'=m'\delta x'$$

und erinnert sich, daß $\frac{dx}{uds}=C$, so nehmen die obigen Gleichungen die Form

$$C+\frac{dy''}{u''ds''}n''=o,\ C+\frac{dy''}{u''ds''}m'=o$$

an, woraus folgt

$$n''=m'.$$

Dieses Resultat legt an den Tag, daß in den Punkten, wo die gesuchte krumme Linie den gegebenen begegnet, diese letzteren parallele Tangenten haben müssen. Ueberdies zeigt die auf die letzte Grenze bezügliche Gleichung, welche auf

$$dx''\delta x''+dy''\delta y''=o$$

hinausläuft, auch noch, daß die gesuchte krumme Linie die zweite gegebene unter einem rechten Winkel schneiden muß.

§. 372.

Die vorhergehenden Aufgaben beziehen sich auf absolute Maxima oder Minima; es folge nun auch eine auf relative Maxima oder Minima bezügliche.

Unter allen Relationen, welche die Veränderlichen x und y unter einander haben können, und welche dem unbestimmten Integrale $\int U_1$, wofern es zwischen $x = x'$ und $x = x''$ genommen wird, denselben Werth ertheilen, diejenige aufzufinden, welche die Formel $\int U$ unter denselben Umständen zu einem Maximum oder Minimum macht.

Diese Aufgabe löst man dadurch, daß man die Variation der Function

$$„\int U + a \int U_1",$$

in welcher a ein unbestimmter constanter Coefficient ist, gleich Null setzt. Es ist hier nicht der Ort, diese Regel im Detail zu beweisen; übrigens nimmt man leicht wahr, daß wenn die obige Function ein Maximum oder Minimum ist, und wenn man $\int U_1 = A$ macht, das Integral $\int U$ immer den größten oder kleinsten derjenigen Werthe haben wird, welche es in dieser Annahme haben kann. *) Der unbestimmte Coefficient a dient dazu, die Bedingung $\int U_1 = A$ in Erfüllung zu bringen.

Wenn man z. B. diejenige krumme Linie zu finden wünscht, welche bei einem gegebenen Umfange den größten oder kleinsten Raum einschließt, so hat man:

$$\int U + a \int U_1 = \int \left\{ y dx + a \sqrt{dx^2 + dy^2} \right\};$$

macht man $\sqrt{dx^2 + dy^2} = ds$, so wird der mit dem Zeichen $\int$ behaftete Theil der Integration:

$$-\int \left\{ \left(dy + ad \frac{dx}{ds} \right) \delta x - \left(dx - ad \frac{dy}{ds} \right) \delta y \right\},$$

und liefert die Gleichungen:

$$dy + ad \frac{dx}{ds} = o, \quad dx - ad \frac{dy}{ds} = o,$$

wovon eine einzige hinreicht, die gesuchte krumme Linie zu bestimmen (365.); allein die Rechnung ist leichter, wenn man sie beide anwendet. Wenn ihre Integrale

$$y + a \frac{dx}{ds} = C', \quad x - a \frac{dy}{ds} = C$$

unter die Form

$$y - C' = a \frac{dx}{ds}, \quad x - C = -a \frac{dy}{ds}$$

gebracht und hierauf quadrirt und seitenweise addirt werden, so führen sie zu:

$$(y - C')^2 + (x - C)^2 = a^2,$$

wodurch ein Kreis mit dem Halbmesser a angedeutet wird.

---

*) Siehe den „Traité etc." in 4to. B. II. S. 803.

Dieser Halbmesser läßt sich nach dem Werthe bestimmen, der dem Umfange $\int\sqrt{dx^2+dy^2}$ zugewiesen wurde. Die Constanten können dazu dienen, die Kreislinie durch feste und gegebene Punkte hindurchgehen zu lassen. Es hat der Kreis ein Maximum von Inhalt, wenn die hohle Seite nach der Abscisse hin gerichtet ist, und ein Minimum von Inhalt, in dem jentgegengesetzten Falle. Dieses ist der einfachste Fall der *isoperimetrischen Aufgaben*, welche so genannt werden, weil man anfangs nur solche krumme Linien in diesen Aufgaben betrachtete, welche gleichen Umfang hatten.

Anhang

zum

Lehrbuch der Differential- und Integral-Rechnung.

Differenzen-Rechnung und Reihen.

Von der directen Differenzen-Rechnung.

§. 373.

In der Differential-Rechnung änderte man die Functionen nur, um die Form der Glieder ihrer Entwickelung, oder um die Grenzen der Verhältnisse, zwischen ihren Aenderungen und denjenigen der Veränderlichen wovon sie abhangen, zu betrachten, ohne irgend eine Rücksicht auf die Werthe jener Aenderungen zu nehmen. Man hatte hierbei nur mit neuen Functionen zu thun, welche von der ersten abgeleitet waren, nicht aber mit den numerischen Werthen der Zuwachse. Allein die nähere Betrachtung dieser Werthe hat gezeigt, daß sie in sehr vielen Fällen weit einfachere Gesetze befolgen, als dasjenige der Function selbst ist, oder daß sie wenigstens oft absteigende Reihen bilden, die leichter Näherungen zulassen, und auf welche es folglich nützlich seyn kann die primitiven Größen zurückzuführen. Unter diesem Gesichtspunkte hat man sich zuerst mit der Differenzen-Rechnung im engeren Sinne beschäftigt.

Man hat diese Rechnung die Rechnung mit endlichen Differenzen genannt, um sie von der Rechnung mit unendlich kleinen Differenzen zu unterscheiden; allein da die Benennung „Differential-Rechnung", welche ausschließlich dieser letzteren beigelegt wird, nach Gründen, die in §. 5. vorkamen, jeder Zweideutigkeit zuvorkommt: so ist es nicht nöthig, den Differenzen das Beiwort endlich hinzuzufügen, da dieselben mit den Differentialen nicht verwechselt werden können.

Der Zweck der directen Differenzen-Rechnung ist demnach, die Zuwachse selbst zu bestimmen, indem man sie nicht nur aus dem analytischen Ausdrucke der Functionen, sondern auch aus deren numerischen oder besondern Werthen ableitet, wenn der analytische Ausdruck abgeht oder zu verwickelt seyn sollte.

§. 374.

Untersucht man den Fortgang derjenigen Reihen, welche durch die Quadrate und Kuben der Glieder der natürlichen Zahlen-Folge gebildet werden, so gelangt man schon zu bemerkenswerthen und nützlichen Eigenschaften der Differenzen, wie die Erörterung nachstehender Schemen ausweisen wird.

Quadrate.	1ste Diff.	2te Diff.
1		
4	3	
9	5	2
16	7	2
25	9	2
36	11	2
49	13	2
rc.	rc.	rc.

Kuben.	1ste Diff.	2te Diff.	3te Diff.
1			
8	7		
27	19	12	
64	37	18	6
125	61	24	6
216	91	30	6
343	127	36	6
rc.	rc.	rc.	rc.

Ich habe in diesen Schemen die natürliche Folge der Zahlen 1, 2, 3, 4 rc. nicht aufgenommen, weil der Unterschied zwischen je zwei aufeinander folgenden stets der Einheit gleich ist.

Neben den Quadraten enthält das erste Schema in einer zweiten Colonne den Unterschied zwischen jedem von ihnen und dem vorhergehenden, dann in einer dritten Colonnne den Unterschied zwischen einer jeden der letzteren Zahlen und der vorhergehenden. Die letzten Zahlen werden zweite Differenzen genannt, weil sie die Differenzen der ersten Differenzen sind.

Da die ersten Differenzen eine arithmetische Progression bilden, so bieten sie schon eine einfachere Verbindung dar als die Zahlen der vorhergehenden Colonne, und da die folgenden constant sind, so bieten sie eine noch größere Vereinfachung dar. Eine ziemlich wichtige Folge der Verkettung dieser Differenzen besteht darin, daß man vermittelst der bloßen Zahlen 1, 3, 2, die man bei den drei Colonnen respective oben an schreibt, die Colonne der Quadrate einzig durch Additionen gewinnen kann. Denn addirt man 2 und 3, so erhält man 5, hierauf giebt 2 und 5, 7 und indem man so fortfährt, bildet man die zweite Colonne; addirt man nun 3 und 1, so erhält man das Quadrat 4, hierauf giebt 5 und 4 das Quadrat 9, und, indem man so fortfährt, erhält man auch die übrigen Quadrate.

Die erste Colonne des zweiten Schema's enthält die Kuben, die zweite deren erste Differenzen, die dritte die zweiten Differenzen, welche nur noch eine arithmische Progression bilden, und endlich die vierte die Differenzen der zweiten Differenzen, d. i. die dritten Differenzen, welche constant sind.

Vermittelst der bei den vier Colonnen respective oben an geschriebenen vier Zahlen 1, 7, 12, 6 kann man hier alle diese Colonnen bilden, indem man bei derjenigen zur rechten Hand anhebt, und jede Zahl einer der Colonnen zu derjenigen Zahl addirt, welche sich in der vorhergehenden Colonne eine Linie höher befindet.

Diese Regel, welche bisher nur auf eine bloße Induction gestützt ist, und zwar bloß für zwei Reihen von Zahlen, wird bald strenge bewiesen und auf eine unendliche Anzahl von Functionen ausgedehnt werden, für welche man demnach strenge Bestimmungen erhält.

Von einer andern Seite nehme man in einer Logarithmen-Tafel die ersten Differenzen der Logarithmen der auf einander folgenden Zahlen, so werden dieselben einen sehr ungleichen Gang haben, wenn man sich beim Anfange der Tafel befindet, wo die Function stark variirt; allein wenn man zu den zweiten, dritten ꝛc. Differenzen übergeht, so wird man deren finden, welche sehr klein seyn und endlich damit aufhören werden, in einem größern oder kleineren Raume dieselben zu verbleiben. Die Logarithmen werden also in diesem Zwischenraume, auf eine genügende Weise, ein Gesetz befolgen, welches dem oben bei den Quadraten und

Kuben bemerkten analog ist, und wovon man Gebrauch machen kann, um die Construction jener Tafeln zu vereinfachen.

§. 375.

Da man gesehen hat, welcher Vortheil aus der Betrachtung der auf einander folgenden Differenzen entspringt, wofern man bis zu derjenigen Ordnung fortgeschritten ist, wo sie entweder genau genommen oder sehr nahe gleich sind, so liegt es sehr nahe, den allgemeinen Ausdruck ihrer Relationen aufzusuchen. Es sey deßhalb

$$u, u_1, u_2, u_3 \ldots\ldots u_n$$

eine Reihe von auf einander folgenden Werthen einer Größe, die diese in Folge der Aenderungen annimmt, welche sie selbst erleidet, oder in Folge derjenigen, welche mit einer andern vorgehen, wovon sie abhangt; die unten stehenden Zahlen sind hier Stellenzeiger, welche den Rang eines jeden Werthes in der Reihe dadurch anzeigen, daß sie die Anzahl der vorhergehenden Werthe angeben, so daß der erste dem Stellenzeiger o zu entsprechen angesehen werden kann. Hierauf macht man

$$\left.\begin{array}{l} u_1 - u \quad = \Delta u \\ u_2 - u_1 \quad = \Delta u_1 \\ u_3 - u_2 \quad = \Delta u_2 \\ \ldots\ldots\ldots\ldots \\ u_n - u_{n-1} = \Delta u_{n-1} \end{array}\right\} \ldots\ldots (1),$$

indem man sich des Zeichens Δ bedient, um die Operation anzudeuten, daß der Unterschied zwischen den zwei auf einander folgenden Werthen derselben Größe genommen werden soll.

Wenn diese Größe sich um gleich viel ändert, so sind die Differenzen Δu, Δu_1, Δu_2 rc. sämmtlich gleich; allein wenn das Gegentheil Statt findet, so macht man auf analoge Weise

$$\left.\begin{array}{l} \Delta u_1 - \Delta u \quad = \Delta\Delta u \quad = \Delta^2 u \\ \Delta u_2 - \Delta u_1 \quad = \Delta\Delta u_1 \quad = \Delta^2 u_1 \\ \ldots\ldots\ldots\ldots\ldots\ldots \\ \Delta u_n - \Delta u_{n-1} = \Delta\Delta u_{n-1} = \Delta^2 u_{n-1} \end{array}\right\} \ldots\ldots (2)$$

$$\left.\begin{array}{l} \Delta^2 u_1 - \Delta^2 u \quad = \Delta\Delta^2 u \quad = \Delta^3 u \\ \Delta^2 u_2 - \Delta^2 u_1 \quad = \Delta\Delta^2 u_1 \quad = \Delta^3 u_1 \\ \ldots\ldots\ldots\ldots\ldots\ldots \\ \Delta^2 u_n - \Delta^2 u_{n-1} = \Delta\Delta^2 u_{n-1} = \Delta^3 u_{n-1} \end{array}\right\} \ldots\ldots (3)$$

rc.

Fährt man auf diese Weise fort, so zieht man aus den Werthen $u, u_1, u_2 \ldots u_n$ eine Reihe von Differenzen, wobei die Anzahl der Ordnungen der um die Einheit verminderten Anzahl jener Werthe höchstens gleich ist.

§. 376.

Es ist einleuchtend, daß gemäß obiger Bezeichnung die Differenz eines beliebigen Ausdrucks dadurch angedeutet werden kann, daß man vor jedes seiner Glieder das Kennzeichen Δ schreibt, so daß

„$\Delta(u+v-w)=u_1+v_1-w_1-(u+v-w)=\Delta u+\Delta v-\Delta w$“,

gerade wie früher (§. 10.)

$$d(u+v-w)=du+dv-dw \text{ war.}$$

Man hat auch

„$\Delta(au)$ oder $\Delta . au=a(u_1-u)=a\Delta u$“,

so wie man früher

$$dau=adu \text{ hatte,}$$

und die von den Veränderlichen getrennten Constanten verschwinden, wenn man die Differenz einer Function zu nehmen hat (§. 7).

§. 377.

Vermittelst dieser Regeln und der Gleichungen (1) erhält man für die Werthe $u_1, u_2, u_3, \ldots u_n$, Ausdrücke, welche nur von dem anfänglichen Werthe u und von dessen Differenzen $\Delta u, \Delta^2 u$, rc. abhangen. Denn weil

$$\Delta u_1=\Delta(u+\Delta u)=\Delta u+\Delta^2 u,$$

so folgt daraus:

$$u_2=u_1+\Delta u_1=u+\Delta u+\Delta(u+\Delta u)$$
$$=u+2\Delta u+\Delta^2 u,$$

und eben so:

$$u_3=u_2+\Delta u_2$$
$$=u+2\Delta u+\Delta^2 u+\Delta(u+2\Delta u+\Delta^2 u)$$
$$=u+3\Delta u+3\Delta^2 u+\Delta^3 u.$$

Die Form dieser Ausdrücke, deren numerische Coefficienten mit denjenigen des Quadrats und des Kubus einerlei sind, führt nach der Analogie zu:

„$u_n=u+\frac{n}{1}\Delta u+\frac{n(n-1)}{1.2}\Delta^2 u+\frac{n(n-1)(n-2)}{1.2.3}\Delta^3 u+$ rc.“,

was sich leicht durch die Gleichung

$$u_{n+1}=u_n+\Delta u_n$$

bewähren läßt, deren Entwickelung darthut, daß wenn das Gesetz für die n^te Ordnung Statt findet, dasselbe auch nothwendig für die $n+1$^te Ordnung seine Geltung behält.

§. 378.

Man kann auch die Differenz von einer beliebigen Ordnung durch die Glieder der ursprünglichen Reihe, welche zur Bildung jener Differenz in Anspruch genommen wurden, unmittelbar ausdrücken.

Da man zuerst hat

$$\Delta u = u_1 - u \text{ und } \Delta^2 u = \Delta u_1 - \Delta u,$$

so wird man bemerken, daß Δu_1 eben so mit u_1 und u_2 wird zusammenhangen müssen, wie Δu mit u und u_1 zusammenhangt, d. h. daß es hinreichend ist, die Stellenzeiger um 1 zu vermehren, um zu

$$\Delta u_1 = u_2 - u_1$$

überzugehen; und man erhält demnach

$$\Delta^2 u = u_2 - u_1 - (u_1 - u)$$
$$= u_2 - 2u_1 + u;$$

vermehrt man hierauf die Stellenzeiger um 1 in diesem letzten Resultate, so erfolgt:

$$\Delta^3 u = \Delta^2 u_1 - \Delta^2 u = u_3 - 2u_2 + u_1$$
$$- (u_2 - 2u_1 + u)$$
$$= u_3 - 3u_2 + 3u_1 - u,$$

und nach der Analogie:

$$„\Delta^n u = u_n - \frac{n}{1} u_{n-1} + \frac{n(n-1)}{1.2} u_{n-2} - \frac{n(n-1)(n-2)}{1.2.3} u_{n-3} \text{ rc. ``},$$

welches Gesetz sich leicht durch die Entwickelung der Gleichung

$$\Delta^{n+1} u = \Delta^n u_1 - \Delta^n u$$

bewähren läßt.

Das letzte Resultat und dasjenige des vorhergehenden §. fallen zusammen mit:

$$u_n = (1 + \Delta u)^n \text{ und } \Delta^n u = (u-1)^n,$$

wofern man bei der ersten Entwickelung die Exponenten der Potenzen von Δu in Exponenten des Kennzeichens Δ und bei der zweiten die Exponenten von u in Stellenzeiger verwandelt. Man kann sogar sogleich

$$u_n = (1 + \Delta)^n u$$

aufstellen, wo bei der Entwickelung gar nichts zu ändern seyn wird.

§. 379.

Wenn eine Function gegeben ist, so ist nichts leichter als deren auseinander folgende Differenzen zu finden. Es diene zum Beispiele die Function

$$x^m$$

Macht man $u = x^m$, und nimmt an, daß x um die Größe h zunimmt, so erhält man $u_1 = (x+h)^m$ und folglich:

$$\Delta u = (x+h)^m - x^m = mx^{m-1}h + \frac{m(m-1)}{1.2}x^{m-2}h^2$$
$$+ \frac{m(m-1)(m-2)}{1.2.3}x^{m-3}h^3 + \text{rc.}$$

Um zu den höheren Differenzen $\Delta^2 u$, $\Delta^3 u$ rc. überzugehen, muß man x von neuem variiren lassen, was zwei Annahmen gestattet. Die eine besteht darin, die Größe x um immer gleiche Zuwachse zunehmen zu lassen, die andere, diese Zuwachse selbst veränderlich zu lassen; ich werde mich hier nur mit der ersten beschäftigen. Substituirt man in Δu für x, $x+h$, so erhält man:

$$\Delta u_1 = m(x+h) + \frac{m(m-1)}{1.2}(x+h)^{m-2}h^2 + \text{rc.}$$

Es leuchtet ein, daß, wenn man den Ausdruck von Δu_1 entwickelt und denjenigen von Δu abzieht, das nach Potenzen von h geordnete Resultat die Form:

$$\Delta^2 u = m(m-1)x^{m-2}h^2 + M_3 x^{m-3}h^3 + M_4 x^{m-4}h^4 + \text{rc.}$$

haben wird, wo M_3, M_4 rc. von dem Exponenten m abhängige Coefficienten bedeuten.

Durch eine neue Substitution von $x+h$ in dieser letzten Gleichung gelangt man zu $\Delta^2 u_1$; und bemerkt man, daß $\Delta^3 u = \Delta^2 u_1 - \Delta^2 u$, so findet man:

$$\Delta^3 u = m(m-1)(m-2)x^{m-3}h^3 + M'_4 x^{m-4}h^4 + \text{rc.}$$

Das Gesetz der ersten Glieder in jeder der gefundenen Entwickelungen ist einleuchtend, und man sieht, daß der Ausdruck von $\Delta^n u$ mit

$$m(m-1)(m-2)\ldots(m-n+1)x^{m-n}h^n$$

beginnen muß. Man sieht auch, daß wenn der Exponent m ganz und positiv ist, die Anzahl der Glieder der nach den Potenzen von x geordneten Entwickelung von $\Delta^n u$ um die Einheit abnehmen muß, wenn n um diese Größe zunimmt, und daß, wenn $n = m$, erfolge:

$$\Delta^m u = m(m-1)(m-2)\ldots 1h^m.$$

Da diese Differenz constant ist, so sind die höheren Differenzen nothwendig Null.

Man gelangt leicht zum allgemeinen Gliede von $\Delta^n u$, wenn man (nach §. 378.) den Ausdruck dieser Differenz vermittelst der Werthe von u, u_1, u_2, u_3 rc. bildet, ohne durch diejenigen von Δu, $\Delta^2 u$, $\Delta^3 u$ rc. hindurchzugehen. Es ist klar, daß bei der gegenwärtigen Annahme die Werthe

$$\begin{matrix} u_1, & u_2, & u_3, & \ldots\ldots & u_n, \\ x+h, & x+2h, & x+3h, & \ldots\ldots & x+nh \end{matrix}$$

entsprechen; und folglich hat man:

$$u_1 = (x+h)^m,\ u_2 = (x+2h)^m, \ldots\ldots u_n = (x+nh)^m,$$

woraus man zieht:

$$\Delta^n u = [x+nh]^m - \frac{n}{1}[x+(n-1)h]^m + \frac{n(n-1)}{1.2}[x+(n-2)h]^m - \frac{n(n-1)(n-2)}{1.2.3}[x+(n-3)h]^m + \text{etc.}$$

Bezeichnet man den Exponenten von h in dem allgemeinen Gliede der Entwickelung der vorstehenden Gleichung mit i, so wird der Ausdruck dieses Gliedes seyn:

$$\frac{m(m-1)(m-2)\ldots\ldots(m-i+1)}{1.2.3\ldots\ldots i} x^{m-i}h^i \times \left\{n^i - \frac{n}{1}(n-1)^i + \frac{n(n-1)}{1.2}(n-2)^i - \text{etc.}\right\};$$

allein da man eben gesehen hat, daß die Entwickelung von $\Delta^n u$ keine Potenzen von h enthalten kann, deren Exponent kleiner ist als n, so folgt, daß die aus $n+1$ Gliedern bestehende Function

$$n^i - \frac{n}{1}(n-1)^i + \frac{n(n-1)}{1.2}(n-2)^i - \text{etc.}$$

so lange Null ist, als $i < n$. Da andrerseits der Coefficient

$$\frac{m(m-1)(m-2)\ldots\ldots(m-i+1)}{1.2.3\ldots\ldots i}$$

verschwindet, wenn $i = m+1$, so folgt endlich, daß die höchste Potenz von h in der Entwickelung von $\Delta^n u$ nur h^m seyn kann.

§. 380.

In Folge der Eigenschaft eines Monoms x^m wird jede rationale und ganze Function von x immer constante Differenzen darbieten, diejenigen nämlich, deren Ordnung durch den Exponenten der höchsten in der Function vorhandenen Potenz von x angedeutet wird. Denn da diese Function die Form

$$Ax^\alpha + Bx^\beta + Cx^\gamma + \text{etc.}$$

hat, so erhält man

$$\Delta^n(Ax^\alpha + Bx^\beta + Cx^\gamma + \text{etc.}) = A\Delta^n x^\alpha + B\Delta^n x^\beta + C\Delta^n x^\gamma + \text{etc. *)}\ (376.);$$

*) Man muß nicht $\Delta^n . x^\alpha$ mit $\Delta^n x^\alpha$ verwechseln; denn der erste dieser

und wenn α den höchsten Exponenten von x bezeichnet, so erfolgt für den Fall, daß $n=\alpha$,

$$\Delta^\alpha . x^\alpha = 1.2 \ldots . \alpha h^\alpha, \quad \Delta^\alpha . x^\beta = 0, \quad \Delta^\alpha . x^\gamma = 0 \text{ etc.},$$

so daß

$$\Delta^\alpha (Ax^\alpha + Bx^\beta + Cx^\gamma + \text{etc.}) = 1.2.3 \ldots . \alpha A h^\alpha.$$

§. 381.

Bei den transcendenten Functionen, deren genäherte Berechnung mühsam ist, ist es besonders vortheilhaft, sich der Differenzen zu bedienen, wie das folgende Beispiel zeigen wird, welches sich auf die Logarithmen bezieht.

Es sei

$$u = lx;$$

hier hat man

$$u_1 = l(x+h) = lx + l\left(1+\frac{h}{x}\right)$$

$$= lx + M\left\{\frac{h}{x} - \frac{h^2}{2x^2} + \frac{h^3}{3x^3} - \text{etc.}\right\} \quad (29.),$$

woraus man u_2, u_3 etc. zieht, wenn man 2h, 3h, etc. für h schreibt; und die Formeln des §. 378. werden alsdann geben:

$$\Delta u = \quad M\left\{\frac{h}{x} \quad - \frac{1}{2}\frac{h^2}{x^2} + \frac{1}{3}\frac{h^3}{x^3} - \text{etc.}\right\}$$

$$\Delta^2 u = -M\left\{\frac{h^2}{x^2} \quad - \frac{2h^3}{x^3} + \text{etc.}\right\}$$

$$\Delta^3 u = \quad M\left\{\frac{2h^3}{x^3} - \text{etc.}\right\}$$

etc.

Man setzt diese Reihen nach der Größe der Zahl x so weit fort, bis die letzte Differenz klein genug ist, um ohne einen merklichen Fehler vernachläßigt werden zu können.

Hat man z. B.

$$x = 10000 \text{ und } h = 1,$$

so findet man für die gewöhnlichen Logarithmen

$$\Delta u = \quad 0{,}00004\ 34272\ 76863$$
$$\Delta^2 u = -0{,}00000\ 00043\ 42076$$
$$\Delta^3 u = \quad 0{,}00000\ 00000\ 00868;$$

Ausdrücke ist die n^{te} Differenz der Function x^α, während $\Delta^n x^\alpha = (\Delta^n x)^\alpha$ ist.

und es leuchtet ein, daß man, wenn man die letzten Resultate bloß mit zehn Ziffern haben wollte, die Differenzen der vierten Ordnung lange vernachlässigen könnte, ohne einen merklichen Fehler zu befürchten; denn dieselben müßten sehr oft wiederholt werden, um auf die dritte Differenz einen Einfluß auszuüben. Man bildet demnach nach der Regel des §. 374. nach und nach die Colonnen der dritten, zweiten und ersten Differenzen und endlich die Logarithmen der Zahlen

10001, 10002, 10003, ꝛc.,

indem man von dem Logarithmus von 10000 ausgeht, welcher

4, 00000 00000 00000

ist. Man muß die Rechnung mit 15 Decimalstellen führen, um zu erkennen, wann die Anhäufung der vernachlässigten Größen auf die letzte Ziffer, welche man beizubehalten gedenkt, einzuwirken beginnt, welches man dadurch wahrnehmen kann, daß man einige weit von einander entfernte Logarithmen strenge berechnet; denn wenn man durch die fortgesetzten aufeinander folgenden Additionen bei diesen Logarithmen anlangt, so muß die Differenzen-Methode sie so geben, wie sie a priori bestimmt wurden, wenigstens bei den zehn ersten Decimalstellen, wenn man sich mit dieser Anzahl begnügen will. Wenn die letzte Decimalstelle übereinzustimmen aufhört, wie es bei der Zahl 10050 noch nicht der Fall seyn würde, so berechnet man von neuem a priori die Differenzen Δu, $\Delta^2 u$, $\Delta^3 u$, und bedient sich der neuen Werthe, wie der vorhergehenden, um die Logarithmen derjenigen ganzen Zahlen zu erhalten, welche auf diejenige folgen, bei welcher man inne halten müßte.

Anwendung der Differenzen-Rechnung auf die Interpolation der Reihen.

§. 382.

Eine der vorzüglichsten Anwendungen der Differenzen-Rechnung hat die Interpolation der Reihen zum Gegenstande, welche Operation darin besteht, zwischen die Glieder einer Reihe neue einzuschalten, welche demselben Gesetze unterworfen sind, wie jene. Zu diesem Behufe betrachtet man die verschiedenen Glieder jener Reihe als besondere Werthe derjenigen Function, welche das allgemeine Glied ausdrückt, wofern man der Veränderlichen, wovon dieses abhangt, ebenfalls besondere Werthe zutheilt; der Werth dieser Veränderlichen ist von dem Range des Gliedes abhängig. Wenn der Ausdruck des allgemeinen Gliedes gegeben ist, so zieht man hieraus so viele Werthe als man will; aber es ist dem nicht mehr so, wenn man nur eine gewisse Anzahl der ersten Glieder der Reihe kennt, welches der gewöhnliche Fall ist, wobei man die Interpolation anwendet.

Man müßte alsdann den analytischen Ausdruck einer Function aus demjenigen einer begrenzten Anzahl numerischer Werthe ableiten, welches unmöglich ist, wenn die Form der Function unbekannt ist; denn es ist zu bemerken, daß diese Aufgabe mit derjenigen übereinkommt, die Gleichung einer krummen Linie zu bilden, welche durch Punkte geht, deren Abscissen durch die Werthe der unabhängigen Veränderlichen und deren Ordinaten durch diejenigen der Function gegeben werden, und daß diese Punkte, wie groß auch ihre Anzahl ist, die krumme Linie nicht genau zu bestimmen vermögen, wenn deren Gattung nicht bekannt ist (Trig. etc. §. 168). Allein da man eine Reihe nur in sehr zusammengedrängte Zwischenräume zu interpoliren sucht, so gedenkt man sich den Ausdruck ihres allgemeinen Gliedes nach den steigenden Potenzen ihrer Veränderlichen entwickelt und hält es für erlaubt, sich auf eine kleine Anzahl der ersten Potenzen jener Veränderlichen zu beschränken; hierdurch wird die Form der Function, welche alsdann rational ist, zu einer bestimmten.

Weiß man diesem gemäß, daß den Werthen

$$x,\ x_1,\ x_2,\ x_3 \text{ ic.},$$

einer beliebigen Veränderlichen die Werthe

$$u,\ u_1,\ u_2,\ u_3 \text{ ic.}$$

einer Function dieser Veränderlichen entsprechen: so nimmt man an, daß man für jeden andern Werth x'

$$u' = \alpha + \beta x' + \gamma x'^2 + \delta x'^3 + \text{ic.}$$

habe, und bestimmt die Coefficienten α, β, γ ic. durch die Bedingung, daß u' nach und nach u, u_1, u_2, ic. wird, wenn man x' in x, x_1, x_2, ic. verwandelt.

Diese Bestimmung bietet zwei Fälle dar.

Der erste Fall, wenn nämlich die Werthe x, x_1, x_2, x_3 ic. äquidifferent sind, (d. i. wenn der Unterschied zwischen je zwei auf einander folgenden derselbe ist), läßt sich unmittelbar durch den Ausdruck von u_n (§. 377.) auflösen.

Denn wenn man die Reihe

$$u' = \alpha + \beta x' + \gamma x'^2 + \text{ic.}$$

mit einem ihrer Glieder, welches ich durch $\mu x'^m$ bezeichnen will, schließen läßt, und die Werthe von x' in der Progression x, $x+h$, $x+2h$ ic. aufnimmt: so hat die Function u in der m^{ten} Ordnung constante Differenzen (380.), und mithin entspricht dem Werthe $x+nh$ der Veränderlichen x',

$$u_n = u + \frac{n}{1}\Delta u + \frac{n(n-1)}{1.2}\Delta^2 u \dots\dots$$
$$\dots\dots + \frac{n(n-1)\dots(n-m+1)}{1.2\dots\dots m}\Delta^m u.$$

In dieser Formel sind die Größen

n, Δu, $\Delta^2 u$, 2c. (374.)

Zahlen; wenn man in ihr $x + nh = x'$ macht, woraus $n = \frac{x'-x}{h}$ folgt, so verwandelt sie sich in eine rationale und ganze Function von x', welche mit dem Ausdrucke von u' einerlei Grad hat; und weil sie in u, u_1, u_2, 2c. übergeht, wenn man 0, 1, 2, 2c. für n annimmt, so wird sie dieselben Werthe bekommen, wenn x' zu x, $x+h$, $x+2h$, 2c. werden wird: sie wird demnach die verlangte Function seyn.

Man kann sie vereinfachen wenn man $x' = x + h'$ macht, wodurch man erhält:

$$n = \frac{h'}{h} \text{ und}$$

$$u_n = u' = u + \frac{h'}{h}\Delta u + \frac{h'(h'-h)}{h.2h}\Delta^2 u + \frac{h'(h'-h)(h'-2h)}{h.2h.3h}\Delta^3 u + \text{2c.}$$

Stellt man endlich $u' - u$ durch $\Delta' u$ dar, so erfolgt:

$$„\Delta' u = \frac{h'}{h}\Delta u + \frac{h'(h'-h)}{h.2h}\Delta^2 u + \frac{h'(h'-h)(h'-2h)}{h.2h.3h}\Delta^3 u + \text{2c.“}$$

§. 383.

Gehen wir zu Anwendungen über.

Es sei zuerst die Reihe

3, 7, 19, 39, 67, 2c.

mit den entsprechenden Stellenzeigern

0, 1, 2, 3, 4, 2c.

Für diesen Fall hat man

$u = 3$, $\Delta u = 4$, $\Delta^2 u = 8$, $\Delta^3 u = o$, $h = 1$;

der Ausdruck von $\Delta' u$ reducirt sich hier auf seine beiden ersten Glieder, und man erhält durch ihn

$$\Delta' u = 4h' + 4h'(h' - 1) = 4h'^2:$$

dem Stellenzeiger h' entspricht demnach

$$u' = 3 + 4h'^2.$$

Nimmt man z. B. $h' = \frac{5}{2}$ an, so findet man, daß das Glied der Reihe, welches diesem Stellenzeiger entspricht, 28 ist.

Man habe ferner die Reihe

1, 4, 2, 3, 9, 16, ꝛc.;

nimmt man hier die Stellenzeiger wie gewöhnlich, nämlich

0, 1, 2, 3, 4, 5, ꝛc.,

und bildet die Differenzen, so findet man:

$$u=1,\ \Delta u=3,\ \Delta^2 u=-5,\ \Delta^3 u=8,$$
$$\Delta^4 u=-6,\ \Delta^5 u=o,\ h=1.$$

Hieraus zieht man:

$$u'=1+3\frac{h'}{1}-5\frac{h'(h'-1)}{1.2}+8\frac{h'(h'-1)(h'-2)}{1.2.3}$$
$$-6\frac{h'(h'-1)(h'-2)(h'-3)}{1.2.3.4}.$$

Reducirt man diesen Ausdruck und ordnet ihn nach den Potenzen von h', so findet man

$$u'=\frac{12+116h'-111h'^2+34h'^3-3h'^4}{12}.$$

Es muß bemerkt werden, daß dieses Beispiel und das vorhergehende nur eine begrenzte Anzahl von Differenzen-Ordnungen liefern. Unter solchen Umständen stellt der Ausdruck von u', welcher gleichfalls begrenzt ist, das allgemeine Glied der gegebenen Reihen genau dar, und kann dazu dienen, diese so weit zu verlängern, als man will. Alle daher abgeleiteten Zahlen werden in Bezug auf ihre Differenzen dasselbe Gesetz befolgen, wie die ersten Glieder, wovon man ausgegangen ist; die Reihen werden also von einer rationalen und ganzen algebraischen Function herrühren.

§. 384.

Hat man es mit gebrochenen, irrationalen oder transcendenten Functionen zu thun, so endigt sich die Reihe der Differenzen Δu, $\Delta^2 u$, $\Delta^3 u$ ꝛc. nicht mehr genau, allein wenn sie abnehmend ist, so macht sie den Ausdruck

$$\Delta' u=\frac{h'}{h}\Delta u+\frac{h'(h'-h)}{h.2h}\Delta^2 u+\frac{h'(h'-h)(h'-2h)}{h.2h.3h}\Delta^3 u+ꝛc.$$

convergent und gestattet, denselben auf eine geringe Anzahl von Gliedern zu reduciren, wenigstens für einen wenig ausgedehnten Zwischenraum.

Es folge hier ein von den Logarithmen entlehntes Beispiel. Ich nehme an, daß man mit einer Logarithmen-Tafel, welche die Logarithmen von 1 bis 1000 mit zehn Decimalstellen enthält, den Logarithmen der Zahl 3,1415926536 zu erhalten wünsche, welche das Verhältniß des Umfangs eines Kreises zum Durchmesser sehr nahe ausdrückt. Man betrachtet nun die in der Tafel enthaltenen Logarithmen als besondere Werthe der Function u, und die Zahlen als die jenen Werthen entsprechenden Stellenzeiger, worauf man das folgende Schema bildet:

$u = 0,4969296481$				
$u_1 = 0,4983105538$	13809057			
$u_2 = 0,4996870826$	13765288	—43769		
$u_3 = 0,5010592622$	13721796	—43492	+277	
$u_4 = 0,5024271200$	13678578	—43218	+274	—3

dessen erste Colonne die Logarithmen von

3,14, 3,15, 3,16, 3,17, 3,18,

die zweite deren erste Differenzen, die dritte die zweiten, die vierte die dritten und endlich die fünfte die vierten Differenzen enthält, welche auf drei Einheiten von der tiefsten Ordnung hinauslaufen. Hierdurch erhält man,

$$\Delta u = +0{,}0013809057,\quad \Delta^2 u = -0{,}0000043769,$$
$$\Delta^3 u = +0{,}0000000277,\quad \Delta^4 u = -0{,}0000000003;$$

und da $h = 0{,}01$, $h' = 0{,}0015926536$,

so findet man:

$$\frac{h'}{h} = 0{,}15926536,\quad \frac{h'-h}{2h} = \frac{h'}{2h} - \tfrac{1}{2} = -0{,}42036732$$

$$\frac{h'-2h}{3h} = \frac{h'}{3h} - \tfrac{2}{3} = -0{,}61357821,$$

$$\frac{h'-3h}{4h} = \frac{h'}{4h} - \tfrac{3}{4} = -0{,}71018366.$$

Mit diesen Werthen ist es jetzt leicht, die Formel

$$u' = u + \frac{h'}{h}\Delta u + \frac{h'(h'-h)}{h\,.\,2h}\Delta^2 u + \frac{h'(h'-h)(h'-2h)}{h\,.\,2h\,.\,3h}\Delta^3 u + \\ + \frac{h'(h'-h)(h'-2h)(h'-3h)}{h\,.\,2h\,.\,3h\,.\,4h}\Delta^4 u$$

zu berechnen, welche

$$u' = 0{,}4971498726$$

geben wird.

Es giebt leichtere Mittel, um die Logarithmen von solchen Zahlen zu erhalten, welche durch viele Ziffern ausgedrückt sind; allein das vorhergehende war sehr geeignet, um zum Interpolations-Beispiele zu dienen. Man muß hieraus schon entnehmen, wie die Interpolations-Methode auf viele andere Fälle ausdehnbar seyn muß; in den astronomischen Rechnungen ist dieselbe von sehr häufigem Gebrauch.

§. 385.

Zweiter Fall.

Wenn die Werthe x, x_1, x_2, x_3, ꝛc. nicht äquidifferent sind, so bedient man sich unmittelbar der Formel

$$u' = \alpha + \beta x' + \gamma x'^2 + \delta x'^3 + \text{ꝛc.}$$

welche durch die Substitution der besondern Werthe x, x_1, x_2, x_3 folgende Gleichungen liefert:

$$\begin{aligned} u &= \alpha + \beta x + \gamma x^2 + \delta x^3 + \text{ꝛc.} \\ u_1 &= \alpha + \beta x_1 + \gamma x_1^2 + \delta x_1^3 + \text{ꝛc.} \\ u_2 &= \alpha + \beta x_2 + \gamma x_2^2 + \delta x_2^3 + \text{ꝛc.} \\ u_3 &= \alpha + \beta x_3 + \gamma x_3^2 + \delta x_3^3 + \text{ꝛc.}, \end{aligned}$$

deren Anzahl derjenigen der unbestimmten Coefficienten α, β. γ, ꝛc. gleich seyn muß. Man erhält einen Ausdruck für diese Coefficienten auf die folgende Weise.

Zieht man nach und nach die erste Gleichung von der zweiten, diese von der dritten ꝛc. ab, so gelangt man zu Resultaten, welche durch $x_1 - x$, $x_2 - x_1$, $x_3 - x_2$ ꝛc. respective theilbar sind, und woraus man zieht:

$$\begin{aligned} \frac{u_1 - u}{x_1 - x} &= \beta + \gamma(x_1 + x) + \delta(x_1^2 + x_1 x + x^2) + \text{ꝛc.} \\ \frac{u_2 - u_1}{x_2 - x_1} &= \beta + \gamma(x_2 + x_1) + \delta(x_2^2 + x_2 x_1 + x_1^2) + \text{ꝛc.} \\ \frac{u_3 - u_2}{x_3 - x_2} &= \beta + \gamma(x_3 + x_2) + \delta(x_3^2 + x_3 x_2 + x_2^2) + \text{ꝛc.} \\ &\text{ꝛc.} \end{aligned}$$

Macht man, zur Abkürzung,

$$\frac{u_1 - u}{x_1 - x} = U, \quad \frac{u_2 - u_1}{x_2 - x_1} = U_1, \quad \frac{u_3 - u_2}{x_3 - x_2} = U_2, \text{ ꝛc.},$$

so erhält man die Gleichungen

$$\begin{aligned} U &= \beta + \gamma(x_1 + x) + \delta(x_1^2 + x_1 x + x^2) + \text{ꝛc.} \\ U_1 &= \beta + \gamma(x_2 + x_1) + \delta(x_2^2 + x_2 x_1 + x_1^2) + \text{ꝛc.} \\ U_2 &= \beta + \gamma(x_3 + x_2) + \delta(x_3^2 + x_3 x_2 + x_2^2) + \text{ꝛc.} \\ &\text{ꝛc.} \end{aligned}$$

Zieht man wiederum U von U_1, U_1 von U_2, ꝛc. ab, und bezeichnet die Größen

$$\frac{U_1 - U}{x_2 - x}, \quad \frac{U_2 - U_1}{x_3 - x_1} \text{ ꝛc. durch}$$

$$U', \quad U'_1, \text{ ꝛc.},$$

so findet man:

$$\begin{aligned} U' &= \gamma + \delta(x_2 + x_1 + x) + \text{ꝛc.}, \\ U'_1 &= \gamma + \delta(x_3 + x_2 + x_1) + \text{ꝛc.}, \end{aligned}$$

woraus man zieht

$$U'_1 - U' = \delta(x_3 - x) + \text{etc.}$$

Macht man jetzt

$$\frac{U'_1 - U'}{x_3 - x} = U'',$$

so erhält man

$$U'' = \delta + \text{etc.},$$

und wenn man, um die Ideen zu fixiren, dem Ausdrucke von u′ nur vier Glieder beilegt, so ist mit vorstehender Gleichung die Operation geschlossen. Nimmt man den Werth nicht auf, den sie für δ giebt, und steigt vermittelst der Größen U′, U und u zu denjenigen von γ, β, α zurück, so erfolgt:

$$\delta = U'',$$
$$\gamma = U' - U''(x_2 + x_1 + x),$$
$$\beta = U - U'(x_1 + x) + U''(x_2 x_1 + x_2 x + x_1 x),$$
$$\alpha = u - Ux + U'x_1 x - U''x_2 x_1 x.$$

Substituirt man diese Werthe in dem Ausdrucke von u′, so erhält man

$$u' = u + U(x' - x) + U'[x'^2 - (x_1 + x)x' + x_1 x] \\ + U''[x'^3 - (x_2 + x_1 + x)x'^2 + (x_2 x_1 + x_2 x + x_1 x)x' - x_2 x_1 x]\} .$$

Es ist leicht zu sehen, daß die Coefficienten von U, U′ und U″ in einfache Factoren zerlegbar sind, und daß man u′ unter die Form

$$u' = u + U(x' - x) + U'(x' - x)(x' - x_1) \\ + U''(x' - x)(x' - x_1)(x' - x_2)$$

bringen kann.

Dehnte man diese Methode aus, so würde man eine der vorhergehenden analoge Formel erhalten, so daß man bei einer beliebigen Anzahl von Werthen x, x_1, x_2 ... der Abscisse x′ allgemein haben würde:

$$\text{„}u' = u + U(x' - x) + U'(x' - x)(x' - x_1) + U''(x' - x)(x' - x_1)(x' - x_2) \\ + U'''(x' - x)(x' - x_1)(x' - x_2)(x' - x_3) + \text{etc.“},$$

wofern man

$$\frac{u_1 - u}{x_1 - x} = U, \quad \frac{u_2 - u_1}{x_2 - x_1} = U_1, \quad \frac{u_3 - u_2}{x_3 - x_2} = U_2, \quad \frac{u_4 - u_3}{x_4 - x_3} = U_3, \text{ etc.},$$

$$\frac{U_1 - U}{x_2 - x} = U', \quad \frac{U_2 - U_1}{x_3 - x_1} = U'_1, \quad \frac{U_3 - U_2}{x_4 - x_2} = U'_2, \text{ etc.},$$

$$\frac{U'_1 - U'}{x_3 - x} = U'', \quad \frac{U'_2 - U'_1}{x_4 - x_1} = U'', \text{ etc.},$$

$$\frac{U''_1 - U''}{x_4 - x} = U''', \text{ etc.}$$

etc. gemacht hätte.

Wenn die Werthe x, x_1, x_2, x_3 rc. äquidifferent sind, so hat man

$$x_1 = x + h,\ x_2 = x + 2h,\ x_3 = x + 3h,\ \text{rc.},$$

woraus man herleitet:

$$U = \frac{\Delta U}{h},\qquad U_1 = \frac{\Delta u_1}{h},\qquad U_2 = \frac{\Delta u_2}{h},\ U_3 = \frac{\Delta u_3}{h},\ \text{rc.}$$

$$U' = \frac{\Delta^2 U}{1.2\,h^2},\qquad U'_1 = \frac{\Delta^2 u_1}{1.2\,h^2},\qquad U'_2 = \frac{\Delta^2 u_2}{1.2\,h^2},\ \text{rc.}$$

$$U'' = \frac{\Delta^3 U}{1.2.3\,h^3},\ U''_1 = \frac{\Delta^3 u_1}{1.2.3\,h^3},\ \text{rc.},$$

$$U''' = \frac{\Delta^4 U}{1.2.3.4\,h^4},\ \text{rc.}$$

rc.;

macht man hierauf $x' = x + h'$, so geht daraus hervor:

$$x' - x = h',\ x' - x_1 = h' - h,\ x' - x_2 = h' - 2h,$$
$$x' - x_3 = h' - 3h,\ \text{rc.},$$

und man sieht also, daß der vorhergehende Ausdruck von u', welcher nun

$$u' = u + \frac{h'}{h}\Delta u + \frac{h'(h'-h)}{h.2h}\Delta^2 u$$
$$+ \frac{h'(h'-h)(h'-2h)}{h.2h.3h}\Delta^3 u = \text{rc.}$$

wird, mit demjenigen des §. 382. zusammenfällt, welcher auf einem sehr verschiedenen Wege erhalten wurde.

§. 386.

Lagrange hat den Ausdruck von u' unter einer neuen Form dargestellt. Da die Gleichungen

$$u = \alpha + \beta x + \gamma x^2 + \delta x^3 + \text{rc.}$$
$$u_1 = \alpha + \beta x_1 + \gamma x_1^2 + \delta x_1^3 + \text{rc.}$$
$$u_2 = \alpha + \beta x_2 + \gamma x_2^2 + \delta x_2^3 + \text{rc.}$$

in Bezug auf jede der Größen α, β, γ, rc., u, u_1, u_2 rc. bloß vom ersten Grade sind, und u' so in x' ausgedrückt werden muß, daß $u' = u$, $u' = u_1$, $u' = u_2$ rc. zum Vorschein kommt, wenn man nach und nach $x' = x$. $x' = x_1$, $x' = x_2$ rc. macht: so bemerkte Lagrange, daß man

$$u' = Xu + X_1 u_1 + X_2 u_2 + \text{rc.}$$

aufstellen könne, wofern X, X_1, X_2 rc. solche Functionen von x' sind, daß man bei der Annahme $x' = x$ zu gleicher Zeit

$$X = 1,\ X_1 = 0,\ X_2 = 0\ \text{rc.},$$

bei $x'=x_1$

$$X=o,\ X_1=1,\ X_2=o \text{ rc.},$$

bei $x'=x_2$

$$X=o,\ X_1=o,\ X_2=1,\text{ rc.}$$

u. s. w. hat, welche Bedingungen erfüllt werden, wenn man

$$X=\frac{(x'-x_1)(x'-x_2)(x'-x_3)\ldots}{(x-x_1)(x-x_2)(x-x_3)\ldots},$$

$$X_1=\frac{(x'-x)(x'-x_2)(x'-x_3)\ldots}{(x_1-x)(x_1-x_2)(x_1-x_3)\ldots},$$

$$X_2=\frac{(x'-x)(x'-x_1)(x'-x_3)\ldots}{(x_2-x)(x_2-x_1)(x_2-x_3)\ldots},$$

rc.

annimmt. Das bei der Bildung dieser Größen zu beobachtende Gesetz ist von der größten Einfachheit. Der Zähler so wie der Nenner enthält so viele Factoren, als Größen x, x_1, x_2 rc., weniger eine, vorhanden sind; und wenn man die oben angedeuteten Annahmen vornimmt, so wird man sich nicht nur überzeugen, daß sie der gegebenen Aufgabe genügen, sondern noch überdies einsehen, wie es vorherzusehen möglich war, daß sie genügen würden. Man hat also diese neue Interpolations-Formel

$$\text{„}u'=\left.\begin{aligned}&\frac{(x'-x_1)(x'-x_2)(x'-x_3)\ldots}{(x-x_1)(x-x_2)(x-x_3)\ldots}u\\&+\frac{(x'-x)(x'-x_2)(x'-x_3)\ldots}{(x_1-x)(x_1-x_2)(x_1-x_3)\ldots}u_1\\&+\frac{(x'-x)(x'-x_1)(x'-x_3)\ldots}{(x_2-x)(x_2-x_1)(x_2-x_3)\ldots}u_2\end{aligned}\right\}\text{“},$$

rc.

welche zum praktischen Gebrauch sehr bequem ist, weil man jedes Glied derselben vermittelst der Logarithmen berechnen kann. Es ist nicht schwer, sie auf diejenige des vorhergehenden §. oder gar auf diejenige des §. 382. zurückzuführen, weßhalb ich hierbei nicht verweilen will. *)

§. 387.

Es ist hier leicht, klar zu sehen, daß die Interpolations-Aufgabe eine unbestimmte ist, wenn nicht besondere Rücksichten die

*) Eine andere einfache Herleitung der Lagrangischen Interpolations-Formel, von H. Prof. Dr. Dirksen in Berlin, findet sich im ersten Bande des Crell'schen Journals.

B.

Form derjenigen Function fixiren, welche das allgemeine Glied der gegebenen Zahlen vorstellen soll.

Denn die einzigen Bedingungen, denen die Unbekannten X, X_1, X_2, 2c. unterworfen sind, können durch Functionen erfüllt werden, welche von den von Lagrange gewählten sehr verschieden sind.

Man findet zuerst den sehr einfachen Ausdruck

$$\sin m(x'-x_1)\sin n(x'-x_2)\sin p(x'-x_3)\text{ 2c.},$$

welcher die Eigenschaft besitzt, zu verschwinden, wenn

$$x'=x_1,\ x'=x_2,\ x'=x_3,\text{ 2c.},$$

welches die Zahlen m, n, p 2c. seyn mögen: man kann also die Gleichung aufstellen:

$$X=\frac{\sin m(x'-x_1)\sin n(x'-x_2)\sin p(x'-x_3)\text{ 2c.}}{\sin m(x-x_1)\sin n(x-x_2)\sin p(x-x_3)\text{ 2c.}},$$

deren zweite Seite zur Einheit wird, wenn $x'=x$; und nach diesem Muster bildet man leicht die Werthe von X_1, X_2 2c., in deren jedem man für die Coefficienten m, n, p 2c. ganz beliebige Zahlen wählen kann.

Wenn solche Ausdrücke, mit denjenigen des vorhergehenden §., für Werthe von x', welche in der Reihe x, x_1, x_2 2c. begriffen sind, übereinstimmen, so weichen sie davon in den Zwischenräumen sehr ab, so bald die Bogen nicht mehr klein genug sind, um ihren Sinussen auf eine merkbare Weise proportional zu seyn: übrigens kann man die Sinusse durch die Tangenten ersetzen, und die vorigen Bedingungen werden gleichfalls erfüllt werden.

§. 388.

Die Interpolations-Formeln lassen sich sehr nützlich zur genäherten Bestimmung des Integrals

$$\int X dx$$

oder der Quadratur der krummen Linien anwenden. Die erste Idee, welche sich bei diesem Gegenstande darbot, bestand darin, der gegebenen krummen Linie eine parabolische krumme Linie zu substituiren, welche durch eine gegebene Anzahl von Punkten der ersten zu gehen genöthigt wird: es ist einleuchtend, daß die Genauigkeit in dem Maße zunehmen wird, als jene Punkte zahlreicher und zusammengedrängter seyn werden.

Nimmt man zuerst die Formel

$$u'=\alpha+\beta x'+\gamma x'^2+\text{ 2c.}$$

auf, um die Ordinate der parabolischen krummen Linie vorzustellen, so wird der Inhalt dieser krummen Linie durch

$$\int u'dx' = \frac{\alpha x'}{1} + \frac{\beta x'^2}{2} + \frac{\gamma x'^3}{3} + \text{rc.} + \text{const.}$$

ausgedrückt werden; was die Coefficienten α, β, γ, rc. anbelangt, so werden diese sich leicht aus der Entwickelung desjenigen Ausdruckes von u′ ableiten lassen, den man gebrauchen mag.

Wendet man die Formel des §. 382. an, und macht darin $\frac{h'}{h} = x'$, so wird dieselbe:

$$u' = u + \frac{x'\Delta u}{1} + \frac{x'(x'-1)\Delta^2 u}{1.2} + \frac{x'(x'-1)(x'-2)\Delta^3 u}{1.2.3} + \text{rc.},$$

in die man so viele Glieder aufnehmen muß, als die vorhergehende enthält d. h. als Punkte angenommen werden, durch welche die parabolische krumme Linie bestimmt werden soll.

Nehmen wir an, diese Anzahl sey 3: so nimmt man nur drei Glieder in der vorigen Formel auf. Ordnet man diese dann nach Potenzen von x′, so erfolgt:

$$\alpha = u,\ \beta = \Delta u - \tfrac{1}{2}\Delta^2 u,\ \gamma = \tfrac{1}{2}\Delta^2 u,$$

welche Größen nur von den drei auf einander folgenden Ordinaten u, u_1, u_2 abhangen werden, welche den Werthen

$$h' = o,\ h' = h,\ h' = 2h \text{ oder}$$
$$h' = o,\ h' = 1,\ x'' = 2$$

entsprechen; und wenn man o und 2 als die Grenzen von $\int u'dx'$ festsetzt, so wird dessen Werth seyn:

$$2u + 2(\Delta u - \tfrac{1}{2}\Delta^2 u) + \tfrac{4}{3}\Delta^2 u$$
$$= 2(\ u + \Delta u + \tfrac{1}{6}\Delta^2 u).$$

In diesem Falle wird u′ die Ordinate einer Parabel QR Fig. 62. seyn, welche durch drei Punkte der gegebenen krummen Linie DE hindurchgeht, und $\int u'dx'$ der Inhalt desjenigen Abschnittes dieser Parabel, welcher zwischen der ersten Ordinate PM und der dritten P_2M_2 liegt. Fig. 62.

Im Allgemeinen wird diese Parabel QR abwechselnd eine innere und eine äußere in Bezug auf die gegebene krumme Linie seyn, und umgekehrt, so daß der Inhalt ihres Abschnittes von demjenigen des entsprechenden Abschnittes der gegebenen krummen-Linie DE hier in dem einen, dort in dem andern Sinne verschieden seyn wird. In dem End-Resultate wird sich alsdann eine mehr oder minder genaue Ausgleichung jener Unterschiede bewerkstelligen lassen.

Die vorhergehende Formel wird symmetrischer, wenn man für die Differenzen Δu und $\Delta^2 u$ ihre Werthe

$$u_1 - u \text{ und } u_2 - 2u_1 + u \ (378.)$$

substituirt: man erhält alsdann nach den Reductionen:

$\frac{1}{3}(u + 4u_1 + u_2)$.

Gedenkt man sich eben so durch die Punkte M_2, M_3, M_4 eine neue Parabel gelegt u. s. w., und vereinigt die Inhalte ihrer Abschnitte, so kann man einen beliebig großen Theil der krummen Linie umfassen; wenn die letzte Ordinate durch u_m dargestellt wird, so erhält man, wenn m eine gerade Zahl ist:

$$\frac{1}{3}(u+4u_1+u_2)+\frac{1}{3}(u_2+4u_3+u_4)\ldots\ldots\ldots+\frac{1}{3}(u_{m-2}+4u_{m-1}+u_m)$$
$$=\frac{1}{3}(u+u_m)+\frac{2}{3}(u_2+u_4\ldots\ldots+u_{m-2})+\frac{4}{3}(u_1+u_3\ldots\ldots+u_{m-1}).$$

Da dieses Resultat, von einer ziemlich zierlichen Form, nur Linien befaßt, welche man an der Figur messen kann, so kann sie dazu dienen, Räume zu berechnen, die von krummen Linien begrenzt sind, deren Gleichungen man nicht hat, welchen Vortheil die Methode des §. 233. nicht darbietet. Uebrigens muß man bei beiden Methoden die zwischen zwei besondern Punkten befindlichen Räume besonders berechnen, und die Ordinaten mehr vervielfältigen, wenn die Aenderung der Krümmung bedeutender wird.

Von der Analogie der Differenzen und Potenzen.

§. 389.

Obschon die Differential- und die Differenzen-Rechnung wesentlich verschieden von einander sind, wie man in der Folge sehen wird, so haben sie dennoch merkwürdige Beziehungen zu einander, und können die eine auf die andere in Anwendung gebracht werden. Betrachtet man die erste unter dem Gesichtspunkte, unter welchem Leibnitz sie darstellte, oder nach der Theorie der Grenzen, so wird sie ein besonderer Fall der zweiten. Man hat dies schon am Anfange dieses Buches wahrnehmen mögen, und um es noch mehr zu bestätigen, will ich die Taylorsche Reihe aus der Gleichung

$$u_n = u + \frac{n\Delta u}{1} + \frac{n(n-1)}{1.2}\Delta^2 u + \frac{n(n-1)(n-2)}{1.2.3}\Delta^3 u + \text{rc. } (377.)$$

ableiten.

Es sey

$$u = f(x),$$

und die Veränderliche x möge nach und nach eine Anzahl n gleicher, durch α vorgestellten, Zuwachse annehmen. Nun wird

u^n der Werth von u seyn, welcher $x = x + n\alpha$ entspricht; macht man hierauf $n\alpha = h$, so erhält man $n = \frac{h}{\alpha}$ und:

$$u_n = u + \frac{h}{\alpha}\Delta u + \frac{h(h-\alpha)}{1.2n\alpha^2}\Delta^2 u$$
$$+ \frac{h(h-\alpha)(h-2\alpha)}{1.2.3\alpha^3}\Delta^3 u + \text{ꝛc.},$$

was man auf folgende Art darstellen kann:

$$f(x+h) = u + \frac{h}{1}\frac{\Delta u}{\alpha} + \frac{h(h-\alpha)}{1.2}\frac{\Delta^2 u}{\alpha^2}$$
$$+ \frac{h(h-\alpha)(h-2\alpha)}{1.2.3}\frac{\Delta^3 u}{\alpha^3} + \text{ꝛc.}$$

Nimmt man jetzt an, daß α beständig abnimmt, während h unveränderlich bleibt, was darauf hinausläuft, die Zahl n beständig zunehmen zu lassen: so strebt die zweite Seite der letzten Gleichung nach einer Grenze hin, welche man dadurch erhält, daß man $\alpha = o$ macht. Bemerkt man jetzt, daß die Verhältnisse

$$\frac{\Delta u}{\alpha},\ \frac{\Delta^2 u}{\alpha^2},\ \frac{\Delta^3 u}{\alpha^3}\ \text{ꝛc.}$$

alsdann die Differential-Coefficienten

$$\frac{du}{dx},\ \frac{d^2u}{dx^2},\ \frac{d^3u}{dx^3},\ \text{ꝛc.}$$

zu ihren respectiven Grenzen haben, so erhält man wiederum

$$u + \frac{du}{dx}\frac{h}{1} + \frac{d^2u}{dx^2}\frac{h^2}{1.2} + \frac{d^3u}{dx^3}\frac{h^3}{1.2.3} + \text{ꝛc.}$$

zur Entwickelung der Function u, wenn x zu $x + h$ geworden ist. Auf diese Weise ungefähr ist Taylor zu vorstehendem Lehrsatze gelangt, welcher seinen Namen führt.

Wenn man einmal bis hierhin gekommen ist, so bietet die analytische Theorie der Differential-Rechnung keine Schwierigkeit mehr dar. Das Vorstehende reicht also hin, zu zeigen, wie die Differential-Rechnung aus der Differenzen-Rechnung hervorgehen kann.

§. 390.

Mit Hülfe des Taylorschen Lehrsatzes läßt sich die Entwickelung der Differenzen von beliebiger Ordnung für eine beliebige Function ohne Schwierigkeit erhalten.

Zuerst hat man

$$\Delta u = \frac{du}{dx}\frac{h}{1} + \frac{d^2u}{dx^2}\frac{h^2}{1.2} + \frac{d^3u}{dx^3}\frac{h^3}{1.2.3} + \text{rc.};$$

und wenn man in dieser Gleichung nach und nach Δu, $\Delta^2 u$, $\Delta^3 u$, rc. für u setzt, so bildet man die Ausdrücke:

$$\Delta^2 u = \frac{d\Delta u}{dx}\frac{h}{1} + \frac{d^2\Delta u}{dx^2}\frac{h^2}{1.2} + \frac{d^3\Delta u}{dx^3}\frac{h^3}{1.2.3} + \text{rc.},$$

$$\Delta^3 u = \frac{d\Delta^2 u}{dx}\frac{h}{1} + \frac{d^2\Delta^2 u}{dx^2}\frac{h^2}{1.2} + \text{rc.},$$

$$\Delta^4 u = \frac{d\Delta^3 u}{dx}\frac{h}{1} + \text{rc.},$$

rc.,

mit deren Hülfe die Entwickelung jeder Differenz sich leicht aus derjenigen der vorhergehenden ableiten läßt. Man wird zuerst erhalten:

$$\Delta^2 u = \frac{d^2u}{dx^2}\frac{h^2}{1} + \frac{d^3u}{dx^3}\frac{h^3}{2} + \frac{d^4u}{dx^4}\frac{h^4}{2.3} + \text{rc.}$$

$$+ \frac{d^3u}{dx^3}\frac{h^3}{2} + \frac{d^4u}{dx^4}\frac{h^4}{2.2} + \text{rc.}$$

$$+ \frac{d^4u}{dx^4}\frac{h^4}{2.3} + \text{rc.}$$

Es wäre leicht, das Gesetz zu finden, welches die Glieder dieses Ausdrucks befolgen; allein man gelangt hierzu auf einem allgemeineren Wege, wenn man die Analogie berücksichtigt, welche zwischen der Differentiation der Größen und ihrer Erhebung zu Potenzen Statt findet, von welcher Analogie der §. 378. die ersten Spuren enthält.

§. 391.

Man hat (27.) gesehen, daß

$$e^x = 1 + \frac{x}{1} + \frac{x^2}{1.2} + \frac{x^3}{1.2.3} + \text{rc.},$$

und aus dieser Formel folgt, daß

$$e^{\frac{du}{dx}h} = 1 + \frac{du}{dx}\frac{h}{1} + \frac{du^2}{dx^2}\frac{h^2}{1.2} + \frac{du^3}{dx^3}\frac{h^3}{1.2.3} + \text{rc.},$$

$$e^{\frac{du}{dx}h} - 1 = \frac{du}{dx}\frac{h}{1} + \frac{du^2}{dx^2}\frac{h^2}{1.2} + \frac{du^3}{dx^3}\frac{h^3}{1.2.3} + \text{rc.}$$

Uebertrágt man jetzt die Exponenten der Potenzen von du auf das Kennzeichen d, so wird die zweite Seite der letzten Gleichung:

$$\frac{du}{dx}\frac{h}{1}+\frac{d^2u}{dx^2}\frac{h^2}{1.2}+\frac{d^3u}{dx^3}\frac{h^3}{1.2.3}+ \text{ꝛc.}$$

und wird demnach einerlei mit Δu: man erhält demnach:

$$\Delta u = e^{\frac{du}{dx}h}-1,$$

wofern man in der Entwickelung der zweiten Seite die Exponenten der Potenzen von du auf das Kennzeichen d überträgt.

Nach diesem Resultate bemerkte Lagrange zuerst, daß man im Allgemeinen hat:

$$„\Delta^n u = \left(e^{\frac{du}{dx}h}-1\right)^n“$$

wofern man immerhin die Exponenten der Potenzen von du auf die Charakteristik d überträgt.

Seitdem hat man diese Darstellungs-Art noch dadurch vereinfacht, daß man aufstellte

$$\Delta u = \left(e^{\frac{d}{dx}h}-1\right)u,\quad „\Delta^n u = \left(e^{\frac{d}{dx}h}-1\right)^n u“;$$

denn nun ist an der Entwickelung gar nichts mehr zu ändern. Allein man muß sich wohl erinnern, daß weil der Buchstabe d ein Kennzeichen und nicht eine Größe bezeichnet, die obigen Gleichungen nur durch die Entwickelung ihrer zweiten Seiten zu ihrer Bedeutung gelangen. Laplace hat dieses schöne Resultat auf die folgende Art bewiesen.

Aus dem in dem vorhergehenden §. Gesagten ist es einleuchtend, daß man, welches auch der Ausdruck von $\Delta^n u$ seyn mag, haben muß.

$$\Delta^n u = \frac{d^n u}{dx^n}h^n + A'\frac{d^{n+1}u}{dx^{n+1}}h^{n+1} + A''\frac{d^{n+2}u}{dx^{n+2}}h^{n+2} + \text{ꝛc.},$$

wo A', A'' ꝛc. Coefficienten bezeichnen, welche nur von n abhängig sind. Da diese Gleichung für alle Formen bestehen muß, welche die Function u annehmen kann, so paßt sie auch nothwendig für den Fall, daß $u = e^x$; allein alsdann hat man:

$$\frac{du}{dx}=\frac{d^2u}{dx^2}=\frac{d^3u}{dx^3}=\text{ꝛc.}=e^x,$$

$$\Delta u = e^{x+h}-e^x = e^x(e^h-1),\quad \Delta^2 u = (e^{x+h}-e^x)(e^h-1) = e^x(e^h-1)^2,$$

$$\Delta^3 u = e^x(e^h-1)^3,\ \ldots\ldots\ \Delta^n u = e^x(e^h-1)^n.$$

Substituirt man diesen Werth von $\Delta^n u$ in der ersten Seite der obigen Gleichung, und diejenigen von $\frac{du}{dx}$, $\frac{d^2u}{dx^2}$ ꝛc. in der zweiten Seite, so erfolgt:

$$(e^h-1)^n = h^n + A'h^{n+1} + A''h^{n+2} + \text{ꝛc.},$$

woraus hervorgeht, daß die Coefficienten A', A'' ꝛc. mit denjenigen der Entwickelung von $(e^h-1)^n$ einerlei seyn müssen, weil der Zuwachs h unbestimmt bleiben muß. Uebrigens kann hinsichtlich der Differential-Coefficienten von u keine Schwierigkeit vorhanden seyn, da diese sich alle von den Potenzen von du herleiten lassen, wenn man mit den Exponenten die bemerkte Aenderung vornimmt.

Dieselbe Beziehung zwischen Potenzen und Differenzen findet sich auch bei den Functionen von einer beliebigen Anzahl von Veränderlichen wieder, und läßt sich auf analoge Art beweisen.

§. 392.

Aus $\Delta u = e^{\frac{du}{dx}h} - 1$ zieht man $e^{\frac{du}{dx}h} = 1 + \Delta u$, und nimmt man auf beiden Seiten die Logarithmen, so erfolgt:

$$\frac{du}{dx}h = l(1+\Delta u).$$

Lagrange erkannte noch, daß diese Gleichung wahr seyn würde, wenn man in der Entwickelung von $l(1+\Delta u)$ die Exponenten der Potenzen von Δu auf das Kennzeichen Δu übertrüge; hierdurch erhielte man:

$$\frac{du}{dx}h = \Delta u - \tfrac{1}{2}\Delta^2 u + \tfrac{1}{3}\Delta^3 u - \tfrac{1}{4}\Delta^4 u + \text{ꝛc.} \quad (29.)$$

Anstatt dabei zu verweilen, diesen besondern Fall zu beweisen, will ich zu dem Beweise schreiten, daß im Allgemeinen

$$„\frac{d^n u}{dx^n}h^n = \{l(1+\Delta u)\}^n“$$

ist, wenn man Δu^2, Δu^3 ꝛc. in $\Delta^2 u$, $\Delta^3 u$ ꝛc. verwandelt, oder daß

$$„\frac{d^n u}{dx^n}h^n = \{l(1+\Delta)\}^n u“,$$

wofern man nichts an der Entwickelung ändert.

Es ist sichtbar, daß die Aufgabe darauf hinausläuft, die Differential-Coefficienten $\frac{du}{dx}$, $\frac{d^2u}{dx^2}$ ꝛc. in Function der auf einander folgenden Differenzen von u zu bestimmen, und daß man hierzu Gleichungen von der Form:

$$\Delta^n u = \frac{d^n u}{dx^n}h^n + A'\frac{d^{n+1}u}{dx^{n+1}}h^{n+1} + A''\frac{d^{n+2}u}{dx^{n+2}} + \text{ꝛc.},$$

$$\Delta^{n+1} u = \frac{d^{n+1}u}{dx^{n+1}}h^{n+1} + A'_1\frac{d^{n+2}u}{dx^{n+2}}h^{n+2} + \text{ꝛc.},$$

$$\Delta^{n+2}u = \frac{d^{n+2}u}{dx^{n+2}}h^{n+2} + \text{ꝛc.}$$

ꝛc.

hat, in welchen die Differential-Coefficienten den ersten Grad nicht übersteigen: man kann demnach aufstellen:

$$\frac{d^n u}{dx^n}h^n = \Delta^n u + B'\Delta^{n+1}u + B''\Delta^{n+2}u + B'''\Delta^{n+3}u + \text{ꝛc.}$$

Man könnte den Werth der unbekannten Coefficienten $B'\,B''\,B'''$ ꝛc. durch die allmälige Elimination von

$$\frac{d^{n+1}u}{dx^{n+1}}h^{n+1},\quad \frac{d^{n+2}u}{dx^{n+2}}h^{n+2}\ \text{ꝛc.}$$

leicht erhalten. Allein weil die hypothetische Gleichung für jedes u Statt finden muß, so wird sie auch noch bestehen, wenn man in ihr $u = e^x$ macht, welches

$$\frac{d^i u}{dx^i} = e^x \text{ und } \Delta^i u = e^x(e^h - 1)^i$$

geben wird, welchen Werth auch die ganze Zahl i haben mag, und folglich findet man:

$$h^n = (e^h-1)^n + B'(e^h-1)^{n+1} + B''(e^h-1)^{n+2} + \text{ꝛc.}$$

Um die Identität der beiden Seiten dieser Gleichung in's Licht zu stellen, reicht es hin, zu bemerken, daß

$$h^n = \left\{l(1+e^h-1)\right\}^n,$$

weil die nach den Potenzen von e^h-1 geordnete Entwickelung von $l(1+e^h-1)$, welche folgende ist:

$$e^h-1-\tfrac{1}{2}(e^h-1)^2+\tfrac{1}{3}(e^h-1)^3-\tfrac{1}{4}(e^h-1)^4+\text{ꝛc.},$$

nachdem sie zur Potenz n erhoben worden, mit der Reihe

$$(e^h-1)^n + B'(e^h-1)^{n+1} + B''(e^h-1)^{n+2} + \text{ꝛc.}$$

vergleichbar wird, weßhalb die numerischen Coefficienten B', B'' ꝛc. bestimmt seyn werden. Schreibt man Δu an die Stelle von e^h-1 und $\frac{d^n u}{dx^n}h^n$ an diejenige von h^n, so erhält man die Gleichung

$$\frac{d^n u}{dx^n}h^n = \left\{l(1+\Delta)\right\}^n u,$$

die oben aufgestellt wurde.

Macht man zur Abkürzung $e^h-1=\alpha$ und entwickelt

$$(\alpha - \tfrac{1}{2}\alpha^2 + \tfrac{1}{3}\alpha^3 - \tfrac{1}{4}\alpha^4 + \text{ꝛc.})^n$$

nach Potenzen von α, vermittelst der Methode von §. 55., so erhält man die Werthe von B', B'', ꝛc.

§. 393.

Die Formel des §. 382. fließt auch aus dem Taylorschen Lehrsatze, welcher zu einer Interpolations-Formel wird, wenn man in ihm die Differential-Coefficienten durch ihren aus dem vorhergehenden §. entnommenen Ausdruck in Differenzen ersetzt.

Denn die Gleichung

$$\frac{d^iu}{dx^i}h^i = \Delta^iu + A'\Delta^{i+1}u + A''\Delta^{i+2}u + A'''\Delta^{i+3}u + \text{rc.}$$

giebt:

$$\frac{d^iu}{dx^i} = \frac{1}{h^i}(\Delta^iu + A'\Delta^{i+1}u + A''\Delta^{i+2}u + \text{rc.}).$$

Zieht man aus dieser Gleichung nach und nach die Werthe von $\frac{du}{dx}$, $\frac{d^2u}{dx^2}$, $\frac{d^3u}{dx^3}$ rc., um dieselben in der Reihe

$$u + \frac{du}{dx}\frac{h'}{1} + \frac{d^2u}{dx^2}\frac{h'^2}{1.2} + \frac{d^3u}{dx^3}\frac{h'^3}{1.2.3} + \text{rc.}$$

welche dasjenige ausdrückt, wozu u wird, wenn x zu $x+h'$ wird, zu substituiren: so erhält man ein Resultat von der Form:

$$u + \frac{h'}{h}\Delta u + \left(B'\frac{h'}{h} + B''\frac{h'^2}{h^2}\right)\Delta^2u$$

$$+ \left(B'_1\frac{h'}{h} + B''_1\frac{h'^2}{h^2} + B'''_1\frac{h'^3}{h^3}\right)\Delta^3u + \text{rc.},$$

wo B', B'', B'_1, B''_1, B'''_1, rc. so wie A', A'', rc. von h unabhängige numerische Coefficienten bedeuten; und bezeichnet man den Zuwachs der Function u beim Uebergange von x zu $x+h'$ durch $\Delta'u$, so erfolgt:

$$u + \Delta'u = u + \frac{h'}{h}\Delta u + \left(B'\frac{h'}{h} + B''\frac{h'^2}{h^2}\right)\Delta^2u + \text{rc.}$$

Da diese Gleichung für jedes u bestehen muß, so findet sie auch noch Statt, wenn $u = e^x$, und geht alsdann über in:

$$e^{h'} = 1 + \frac{h'}{h}(e^h - 1) + \left(B'\frac{h'}{h} + B''\frac{h'^2}{h^2}\right)(e^h - 1)^2 + \text{rc.},$$

deren erste Seite man durch Entwickelung auf einerlei Form mit der zweiten bringt, wenn man bemerkt, daß $e^{h'} = [1 + (e^h - 1)]^{\frac{h'}{h}}$; und da man auf die Entwickelung von $u + \Delta'u$ zurückfällt, wenn man in der zweiten u, Δu, Δ^2u rc. für die Größen 1, $e^h - 1$, $(e^h - 1)^2$ rc. substituirt: so muß man daraus schließen, daß

$$u + \Delta'u = (1 + \Delta)^{\frac{h'}{h}}u.$$

Dieses so einfache als zierliche Resultat wurde von Lagrange als eine Folge der Analogie zwischen den Potenzen und Differenzen aufgestellt. — Denn aus der Gleichung

$$e^{\frac{du}{dx}h} = 1 + \Delta u \quad (392.)$$

folgt, daß

$$e^{\frac{du}{dx}h'} = (1+\Delta u)^{\frac{h'}{h}},$$

was sogleich giebt:

$$1 + \Delta' u = (1 + \Delta u)^{\frac{h'}{h}},$$

weil

$$e^{\frac{du}{dx}h'} = 1 + \Delta' u.$$

Entwickelt man die zweite Seite dieser Gleichung, und überträgt die Exponenten der Potenzen von Δu zum Kennzeichen Δ, so findet man, wie oben:

$$\Delta' u = \frac{h'}{h}\Delta u + \frac{h'(h'-h)}{h.2h}\Delta^2 u + \frac{h'(h'-h)(h'-2h)}{h.2h.3h}\Delta^3 u + \text{etc. } ^{*)}$$

Von der inversen Differenzen-Rechnung in Bezug auf explicite Functionen von einer einzigen Veränderlichen.

§. 394.

Die inverse Differenzen-Rechnung ist in Bezug auf die directe, was die Integral- in Bezug auf die Differential-Rechnung ist: sie hat zum Gegenstande, von den Differenzen zu den ursprünglichen Functionen zurückzusteigen. Ich werde mich zuerst mit denjenigen Differenzen beschäftigen, welche unmittelbar durch die unabhängige Veränderliche ausgedrückt sind, d. h. wo man, um u_x zu bestimmen, eine Gleichung von der Form

*) Diese merkwürdigen Analogien zwischen den Potenzen und den Differenzen und Differentialen sind in dem dritten Bande des „Traité etc." in 4to mit großer Ausführlichkeit entwickelt worden. Ich habe dort mehre Denkschriften über diesen Gegenstand angeführt, welche in den „Philosophical Transactions" vorkommen, so wie einige Bemerkungen des Herrn J. W. Herschel im Anhange zur englischen Uebersetzung der zweiten Auflage dieses Handbuchs, die derselbe in Verbindung mit Babbage und Peacock zu veranstalten beliebt hat.

$$\Delta^r u_x = f(x)$$

hat, wobei der Zuwachs von x constant und gegeben ist: ich werde denselben in der Regel durch h bezeichnen.

Es sey zuerst $r = 1$, und demnach

$$\Delta u_x = f(x).$$

Um die Operation anzudeuten, welche die Rückkehr von Δu_x zu u_x bezeichnen soll, so bedient man sich des Kennzeichens Σ, und schreibt demnach:

$$„\Sigma \Delta u_x = u_x = \Sigma f(x)“,$$

so daß Δ und Σ entgegengesetzte Operationen anzeigen, welche einander aufheben, wenn sie eine nach der andern bei derselben Function angebracht werden.

Die durch das Zeichen Σ angezeigte Operation heißt auch Integration; denn $\Sigma f(x)$ bezeichnet eine wirkliche Summe. In der That, summirt man die Gleichungen (1) des §. 375, so erfolgt:

$$u_n = u + \Delta u + \Delta u_1 + \Delta u_2 \ldots. + \Delta u_{n-1};$$

und bezeichnet man den ersten Werth von x durch a und den darauf bezüglichen Werth von u_x durch u, so erhält man für einen beliebigen Werth $x = a + nh$,

$$\Sigma f(x) = u + f(a) + f(a+h) + f(a+2h)$$
$$+ f[a + (n-1)h].$$

Dieser Ausdruck, welcher um $f(a+nh)$ oder um $f(x)$ zunimmt, wenn man zu dem letzten Werthe, welcher x beigelegt wurde, h hinzufügt, und welcher also $f(x)$ zur Differenz hat, besteht also aus der Summe aller Werthe, welche $f(x)$ von $x = a$ einschließlich bis zu $x = a + (n-1)h$ annimmt, und überdies aus dem ersten Werthe von u, welcher unbestimmt ist, und welcher hier die Stelle der willkührlichen Constante einnimmt, die beim Uebergange von u_x zu Δu_x verschwinden konnte.

Um von

$$\Delta^r u_x = f(x)$$

zu u_x zurückzukehren, sieht man klar ein, daß so viele Integrationen nöthig sind, als Differentiationen Statt fanden, was man auf folgende Art anzeigen möchte:

$$„\Sigma^r \Delta^r u_x = u_x = \Sigma^r f(x)“.$$

Bei jeder dieser Operationen muß man eine neue Constante hinzufügen, was man auch aus der Bemerkung entnehmen kann, daß die Gleichung $\Delta^r u_x = f(x)$, welche die Differenzen der Function erst von der r^{ten} Ordnung an giebt, die r Größen

$$u, \Delta u, \Delta^2 u, \ldots\ldots \Delta^{r-1} u$$

und folglich die r ersten Glieder des Ausdrucks

$$u_n = u + \frac{n}{1}\Delta u + \frac{n(n-1)}{1.2}\Delta^2 u + \text{ꝛc.} \quad (377.),$$

womit man von dem auf $x = a$ bezüglichen Werthe von u zu dem auf $x = a + nh$ bezüglichen übergeht, unbestimmt läßt.

§. 395.

Man sieht also, daß die Integration hier nicht weniger als bei den Differentialen eine Anzahl von willkürlichen Constanten einführt, welche dem Exponenten der Ordnung gleich ist. Allein es findet der Unterschied Statt, daß die Größen, welche verschwinden, wenn man zu den Differentialen übergeht, völlig constant sind, während zum Verschwinden beim Differenzen-Nehmen bloß erfordert wird, daß eine Größe dieselbe bleibt, wenn man von x zu $x + h$ übergeht; und daß es solche giebt, geht daraus klar hervor, daß der Ausdruck

$$\varphi\left(\sin\frac{2\pi x}{h},\ \cos\frac{2\pi x}{h}\right),$$

welcher alsdann zu

$$\varphi\left[\sin\left(\frac{2\pi x}{h} + 2\pi\right),\ \cos\frac{2\pi x}{h} + 2\pi)\right]$$

wird, diese Eigenschaft wirklich besitzt, welches auch die Form der Function φ seyn mag.

Man nimmt den Sinus und Cosinus zu gleicher Zeit in die Function auf, damit diese nur beim Uebergange von x zu $x + h$ unverändert bleibe, welches für eine Function, die nur den einen oder den andern enthielte, nicht Statt haben würde, weil

$$\sin\frac{2\pi x}{h} = \sin\frac{2\pi(\frac{1}{2}h - x)}{h} = \sin\left(\pi - \frac{2\pi x}{h}\right)$$

$$\cos\frac{2\pi x}{h} = \cos\frac{2\pi(h - x)}{h} = \cos\left(2\pi - \frac{2\pi x}{h}\right);$$

wir werden später die geometrische Construction dieser Functionen angeben.

§. 396.

Es ist zweckmäßig zu bemerken, daß die Integration der beiden Seiten der Gleichung:

$$\Delta u + \Delta v - \Delta w = \Delta(u + v - w) \quad (376.),$$

$$\text{„}\Sigma(\Delta u + \Delta v - \Delta w) = u + v - w$$
$$= \Sigma\Delta u + \Sigma\Delta v - \Sigma\Delta w\text{“},$$

giebt; wodurch die Integration der polynomischen Differenzen auf diejenige der Monome zurückgeführt wird.

So giebt auch die Gleichung

$$a\Delta u = \Delta . au:$$

$$\Sigma . a\Delta u = au = a\Sigma\Delta u,$$

woraus man ersieht, daß die Constanten nach Belieben unter- oder außerhalb des Zeichens Σ gebracht werden können.

§. 397.

Wenn $f(x)$ rational und ganz ist, so giebt der Ausdruck von u_n, weil er schließt, das genaue Integral. Denn bezeichnet m die Ordnung, in welcher die Differenzen dieser Function constant sind (380.), so wird man, da aus $\Delta^r u_x = f(x)$, $\Delta^m f(x) = \Delta^{r+m} u_x$ hervorgeht und diese letzte Differenz constant ist, sogleich haben:

$$u_n = u + \frac{n}{1}\Delta u + \frac{n(n-1)}{1.2}\Delta^2 u + \ldots\ldots$$

$$\ldots\ldots + \frac{n(n-1)\ldots.(n-r-m+1)}{1.2.3\ldots.(r+m)}\Delta^{r+m} u,$$

indem u, Δu, $\Delta^2 u$ 2c. $x = a$ entsprechen; und macht man $a + nh = x$, so wird u_n, u_x.

Schreibt man zur Abkürzung $f(x) = v_x$, so erfolgt:

$$\Delta^r u = v,\ \Delta^{r+1} u = \Delta v,\ \ldots.\ \Delta^{r+m} u = \Delta^m v;$$

u und ihre Differenzen bis zur $r-1^{ten}$ Ordnung einschließlich bleiben willkürlich, wie man schon gesehen hat.

Es sey z. B.

$$\Delta u_x = x^3 - 5x^2 + 6x - 1$$

zu integriren, wofern der Zuwachs von x 1 ist.

Hier hat man $r = 1$, $m = 3$, $h = 1$, und wenn man $a = 0$ annimmt, so findet man

$$v = -1,\ \Delta v = 2,\ \Delta^2 v = -4,$$

$$\Delta^3 v = 6,\ \Delta^4 v = 0\ (380.),$$

weßhalb

$$\Sigma(x^3 - 5x^2 + 6x - 1) =$$

$$u_x = u - 1 . \frac{x}{1} + 2\frac{x(x-1)}{1.2} - \frac{x(x-1)(x-2)}{1.2.3.} +$$

$$+ 6 . \frac{x(x-1)(x-2)(x-3)}{1.2.3.4} = \frac{3x^4 - 26x^3 + 69x^2 - 58x}{12} + \text{const.}$$

Die allgemeine Formel dieses Paragraphen umfaßt den Fall, wenn der für Δu_x gegebene Werth constant ist; man hat alsdann $\Delta^2 u$ oder $\Delta v = 0$.

Man sieht auch unmittelbar, daß

$$a = \frac{ax + ah - ah}{h} = \frac{\Delta . ax}{h}$$

nach der Integration der beiden Seiten

$$\Sigma a = \frac{ax}{h} + \text{const.}$$

giebt, weßhalb

$$\Sigma 1 = \Sigma x^0 = \frac{x}{h}.$$

§. 398.

Obschon die vorhergehende Formel für alle rationalen und ganzen Functionen hinreichend ist: so ist es dennoch zweckmäßig, einige andere Ausdrücke kennen zu lernen, welche ihre eigenthümlichen Vortheile haben; und um bei den einfachsten anzufangen, will ich mich zuerst mit den Producten beschäftigen, welche aus äquidifferenten Factoren bestehen.

Es sey

$$u = x(x+h)(x+2h) \ldots\ldots [x+(m-1)h];$$

nimmt man hiervon die Differenz, so erhält man:

$$\begin{aligned} \Delta u = &\ (x+h)(x+2h)(x+3h) \ \ldots \ (x+mh) \\ &- x(x+h)(x+2h) \ \ldots\ldots\ldots \ [x+(m-1)h] \\ = &\ (x+h)(x+2h) \ \ldots\ldots\ldots \ [x+(m-1)h]\, mh; \end{aligned}$$

und da

$$\Sigma \frac{\Delta u}{mh} = \frac{\Sigma \Delta u}{mh} = \frac{u}{mh},$$

so findet man:

$$\begin{aligned} &\Sigma (x+h)(x+2h) \ldots\ldots [x+(m-1)h] \\ &= \frac{x(x+h)(x+2h) \ldots\ldots [x+(m-1)h]}{mh} + \text{const.} \end{aligned}$$

Schreibt man jetzt, um die Anzahl der mit dem Zeichen Σ behafteten Factoren auf m zurückzuführen, $x - h$ an die Stelle von x und $m+1$ statt m, so erfolgt:

$$\begin{aligned} &\Sigma x(x+h)(x+2h) \ldots\ldots [x+(m-1)h] = \\ &\frac{(x-h)x(x+h)(x+2h) \ldots\ldots [x+(m-1)h]}{(m+1)h}, \end{aligned}$$

Man sieht hier, daß in dem Integrale die Anzahl der Factoren diejenige der Factoren der Differenz um Eins übertrifft, und daß der Divisor $m+1$ ist, welches der Formel des §. 167. $\int x^m dx = \frac{x^{m+1}}{m+1}$, sehr analog ist.

Um den Bruch

$$\frac{1}{x(x+h)(x+2h)\ldots[x+(m-1)h]}=u$$

zu integriren, nehme man die Differenz, wodurch man erhält:

$$\Delta u=\left\{\begin{array}{l}\frac{1}{(x+h)(x+2h)(x+3h)\ldots.(x+mh)}\\ -\frac{1}{x(x+h)(x+2h)\ldots[x+(m-1)h]}\end{array}\right\}$$

$$=\frac{-mh}{x(x+h)(x+2h)\ldots.(x+mh)};$$

kehrt man zu den Integralen zurück und setzt für u ihren Werth, so erfolgt:

$$\Sigma\frac{-1}{x(x+h)(x+2h)\ldots.(x+mh)}=\frac{u}{mh}$$

$$=\frac{1}{mhx(x+h)(x+2h)\ldots.[x+(m-1)h]};$$

und schreibt man m — 1 für m, so erhält man:

$$\Sigma\frac{1}{x(x+h)(x+2h)\ldots[x+(m-1)h]}=$$

$$\frac{-1}{(m-1)hx(x+h)(x+2h)\ldots[x+(m-2)h]}.$$

§. 399.

Die obigen Formeln können auch zur Integration von Functionen von der Form

$$Ax^{\alpha}+Bx^{\beta}+Cx^{\gamma}+\text{ꝛc.}$$

dienen, weil diese Functionen sich in Producte von Factoren umwandeln lassen, deren Differenzen constant sind. Um dieses zu zeigen, wähle ich das folgende sehr einfache Beispiel:

$$x^3,$$

und mache:

$$x^3=(x+h)(x+2h)(x+3h)$$
$$+A(x+h)(x+2h)+B(x+h)+C,$$

indem ich voraussetze, daß h den Zuwachs von x bedeutet. Entwickelt man und ordnet nach den Potenzen von x, so erhält man

$$\begin{aligned}x^3=x^3&+6x^2h+11h^2x+6h^3\\&+Ax^2+3Ahx+2Ah^2\\&\qquad\quad+Bx+Bh\\&\qquad\qquad\quad+C;\end{aligned}$$

und vergleicht man die Glieder mit einer, welche dieselbe Potenz von x enthalten, so bildet man die Gleichungen:

$$6h + A = o$$
$$11h^2 + 3Ah + B = o,$$
$$6h^3 + 2Ah^2 + Bh + C = o,$$

aus denen man zieht:

$$A = -6h, \quad B = 7h^2, \quad C = -h^3;$$

und

$$x^3 = (x+h)(x+2h)(x+3h) - 6h\,(x+h)(x+2h) + 7h^2(x+h) - h^3,$$

welches, in Folge des vorhergehenden §.,

$$\Sigma x^3 = \frac{1}{4h}\,x(x+h)(x+2h)(x+3h) - 2x(x+h)(x+2h) + \frac{7}{2}hx(x+h) - h^2x + \text{const.}$$

geben wird, weil $\Sigma - h^3 = -h^3\Sigma 1 = -h^2x$ (397.)

§. 400.

Wenn

$$u = x^{m+1}$$

und m eine ganze Zahl ist, so erfolgt:

$$\Delta u = \frac{(m+1)}{1}x^m h + \frac{(m+1)m}{1.2}x^{m-1}h^2 + \frac{(m+1)m(m-1)}{1.2.3}x^{m-2}h^3 + \frac{(m+1)m(m-1)(m-2)}{1.2.3.4}x^{m-3}h^4 \ldots + h^{m+1}x^0.$$

Integrirt man die beiden Seiten dieser Gleichung Gliederweise, setzt in der ersten wiederum x^{m+1} für u, und schafft die constanten Factoren unter dem Zeichen Σ weg, so erhält man:

$$x^{m+1} = \frac{m+1}{1}h\Sigma x^m + \frac{(m+1)m}{1.2}h^2\Sigma x^{m-1} + \frac{(m+1)m(m-1)}{1.2.3}h^3\Sigma x^{m-2} \ldots + h^{m+1}\Sigma x^0.$$

Diese Gleichung würde zur Kenntniß des Integrals Σx^m führen, wenn man Σx^{m-1}, Σx^{m-2}, ... Σx^0 hätte, weil man aus ihr ziehen würde:

$$\Sigma x^m = \frac{x^{m+1}}{(m+1)h} - \left\{\frac{m}{1.2}h\Sigma x^{m-1} + \frac{m(m-1)}{1.2.3}h^2\Sigma x^{m-2} \ldots + \frac{1}{m+1}h^m\Sigma x^0\right\}.$$

Schreibt man hierin nach und nach m − 1, m − 2, m − 3, rc.

für m, so bildet man Ausdrücke von Σx^{m-1}, Σx^{m-2}, Σx^{m-3} rc. welche nur von Integralen — von Potenzen von x — die respective tiefer sind, abhangen. Man kann diese Werthe auch durch's Zurücksteigen bilden; und nimmt man zuerst $m = o$ an, so erfolgt: $\Sigma x^o = \frac{x}{h}$, wie im §. 397., weil die allgemeine Formel nur eine Anzahl m mit Σ behafteter Glieder enthalten muß.

Macht man hierauf $m=1$, $m=2$, $m=3$ rc. und substituirt nach und nach, für Σx^o, $\Sigma x'$, Σx^2 rc., die Werthe, wozu man gelangt, so wird folgendes Schema entstehen:

$$\Sigma x^o = \frac{x}{h},$$

$$\Sigma x' = \frac{1}{2}\frac{x^2}{h} - \frac{1}{2}x,$$

$$\Sigma x^2 = \frac{1}{3}\frac{x^3}{h} - \frac{1}{2}x^2 + \frac{1}{2.3}xh,$$

$$\Sigma x^3 = \frac{1}{4}\frac{x^4}{h} - \frac{1}{2}x^3 + \frac{1}{2.2}x^2h,$$

$$\Sigma x^4 = \frac{1}{5}\frac{x^5}{h} - \frac{1}{2}x^4 + \frac{1}{3}x^3h - \frac{1}{5.6}xh^3,$$

$$\Sigma x^5 = \frac{1}{6}\frac{x^6}{h} - \frac{1}{2}x^5 + \frac{5}{2.6}x^4h - \frac{1}{2.6}x^2h^3,$$

rc.,

wo man, zur Abkürzung, die jedem Resultate zukommende willkürliche Constante ausgelassen hat.

§. 401.

Anstatt diese Induction weiter zu treiben, kann man im Allgemeinen annehmen:

$$\Sigma x^m = Ax^{m+1} + Bx^m + Cx^{m-1} + Dx^{m-2} + \text{rc.};$$

nimmt man von beiden Seiten die erste Differenz, so findet man:

$$\begin{aligned} x^m = {} & A\frac{(m+1)}{1}x^m h \\ & + A\frac{(m+1)m}{1.2}x^{m-1}h^2 + A\frac{(m+1)m(m-1)}{1.2.3}x^{m-2}h^3 + \text{rc.} \\ & + B\frac{m}{1}x^{m-1}h + B\frac{m(m-1)}{1.2}x^{m-2}h^2 + \text{rc.} \\ & \qquad + C\frac{(m-1)}{1}x^{m-2}h + \text{rc.}, \\ & \qquad\qquad + \text{rc.} \end{aligned}$$

und vergleicht man die dieselbe Potenz von x enthaltenden Glieder mit einander, so erhält man zwischen den Coefficienten A, B, C, D ꝛc. die folgenden Beziehungen:

$$A = \frac{1}{(m+1)h},$$

$$B = -A\frac{(m+1)h}{2} = -\frac{1}{2},$$

$$C = -A\frac{(m+1)mh^2}{2.3} - B\frac{mh}{2},$$

$$D = -A\frac{(m+1)m(m-1)h^3}{2.3.4} - B\frac{m(m-1)h^2}{2.3} - C\frac{m-1}{2}h,$$

ꝛc.

mit welchen man leicht die Coefficienten des Ausdrucks von Σx^m von einander ableiten kann, welches der Exponent von m seyn mag. Berechnet man unmittelbar die zwölf ersten Glieder, so findet man:

$$,,\Sigma x^m = \frac{x^{m+1}}{(m+1)h} - \frac{1}{2}x^m$$
$$+\frac{1}{2.3}\,\frac{mh}{2}x^{m-1} - \frac{1}{6.5}\,\frac{m(m-1)(m-2)h^3}{2.3.4}\,x^{m-3}$$
$$+\frac{1}{6.7}\,\frac{m(m-1)(m-2)(m-3)(m-4)h^5}{2.3.4.5.6}\,x^{m-5}$$
$$-\frac{3}{10.9}\,\frac{m(m-1)\;....\;(m-6)h^7}{2.3\;....\;8}\,x^{m-7}$$
$$+\frac{5}{6.11}\,\frac{m(m-1)\;....\;(m-8)h^9}{2.3\;....\;10}\,x^{m-9}$$
$$-\frac{691}{210.13}\,\frac{m(m-1)\;....\;(m-10)h^{11}}{2.3\;....\;12}\,x^{m-11}$$
$$+\frac{35}{2.15}\,\frac{m(m-1)\;....\;(m-12)h^{13}}{2.3\;....\;14}\,x^{m-13}$$
$$-\frac{3617}{30.17}\,\frac{m(m-1)\;....\;(m-14)h^{15}}{2.3\;....\;16}\,x^{m-15}$$
$$+\frac{43867}{42.19}\,\frac{m(m-1)\;....\;(m-16)h^{17}}{2.3\;....\;18}\,x^{m-17}$$
$$-\frac{1222277}{110.21}\,\frac{m(m-1)\;....\;(m-18)h^{19}}{2.3\;....\;20}\,x^{m-19}$$
$$+ \text{ꝛc.} \qquad + \text{const.}``,$$

in welcher Formel die numerischen Coefficienten besonders beachtet zu werden verdienen, weil sie in der Theorie von den Reihen öfters vorkommen. *).

Ehe ich diesen §. beendige, will ich noch bemerken, daß wenn man Σx^m mit h multiplicirt und diesen Zuwachs unter das Zeichen Σ bringt, die Gleichung zum Vorschein kommt:

$$\Sigma x^m h = \frac{x^{m+1}}{m+1} - \frac{1}{2} x^m h + \frac{1}{2} \frac{mh^2}{2.3} x^{m-1} - \text{ꝛc.} + \text{const.},$$

deren zweite Seite $\frac{x^{m+1}}{m+1} + \text{const.}$ zur Grenze hat, wenn h verschwindet. Allein nun geht auch $\Sigma x^m h$ in $\int x^m dx$ über, nach demjenigen, was wir in §. 236. gesehen haben.

§. 402.

Das Vorhergehende bietet ein Mittel dar, alle algebraischen rationalen und ganzen Functionen zu integriren, wofern die unabhängige Veränderliche einen constanten Zuwachs erhält. Es sey z. B. die Function

$$Ax^3 + Bx^2 + Cx + D$$

zu integriren.

Bemerkt man, daß

$$\Sigma(Ax^3 + Bx^2 + Cx + D) = A\Sigma x^3 + B\Sigma x^2 + C\Sigma x + D\Sigma x^0,$$

und schreibt für Σx^3, Σx^2, Σx und Σx^0 deren Werthe, so findet man:

---

*) Sieht man, vom dritten Gliede der 2ten Seite an, von den Zahlen ab, welche zu den Coefficienten der entwickelten Potenz des Binoms gehören: so werden die von den zurückbleibenden gebildeten die Bernoullischen Zahlen genannt, da Jacob B. dieselben zuerst bestimmte. Die Werthe der 8 ersten Bernoullischen Zahlen z. B. sind:

$$\frac{1}{12}, -\frac{1}{120}, \frac{1}{252}, -\frac{1}{240}, -\frac{1}{132}, -\frac{691}{32760}, \frac{1}{12}, -\frac{3617}{8160}.$$

Nach der obigen Darstellung (der gewöhnlicheren) werden die respectiven Divisoren 2, 4, 6, 8 ꝛc. nicht zu den Bernoullischen Zahlen gezogen und die 4 ersten B. Z. z. B. sind:

$$\frac{1}{6} = 0{,}1(6), -\frac{1}{30}, = -0{,}0(3), \frac{1}{42} = 0{,}0(238095), -\frac{1}{30} = 0{,}0(3).$$

Man vergleiche einen interessanten Aufsatz über die Bernoullischen Zahlen, von H. Prof. Scherk zu Halle, im 4ten B. des Crelle'schen Journals.

B.

$$\Sigma(Ax^3+Bx^2+Cx+D)=$$
$$\frac{A}{4h}x^4-\frac{3Ah-2B}{6h}x^3+\frac{Ah^2-2Bh+2C}{4h}x^2$$
$$+\frac{Bh^2-3Ch+CD}{6h}x+\text{const.}$$

§. 403.

Was die transcendenten Functionen anbelangt, will ich mich auf die Exponential- und Kreis-Functionen beschränken. Für die ersteren hat:

$$\Delta.a^x=a^x(a^h-1),$$

woraus hervorgeht:

$$a^x=\Sigma a^x(a^h-1)=(a^h-1)\Sigma a^x,$$

und:

$$„\Sigma a^x=\frac{a^x}{a^h-1}“.$$

§. 404.

Bei den Kreis-Functionen hat man

1° die Gleichung,

$$\cos A-\cos B=-2\sin\tfrac{1}{2}(A-B)\sin\tfrac{1}{2}(A+B),$$

welche

$$\Delta\cos x=\cos(x+h)-\cos x=-2\sin\tfrac{1}{2}h\sin(x+\tfrac{1}{2}h)$$

giebt, woraus man

$$\sin(x+\tfrac{1}{2}h)=-\frac{\Delta\cos x}{2\sin\frac{1}{2}h}\text{ uud }\sin x=-\frac{\Delta\cos(x-\frac{1}{2}h)}{2\sin\frac{1}{2}h}$$

zieht, wenn man $x-\frac{1}{2}h$ für x schreibt; nimmt man hierauf das Integral der beiden Seiten der letzten Gleichung, so erhält man:

$$„\Sigma\sin x=-\frac{\cos(x-\frac{1}{2}h)}{2\sin\frac{1}{2}h}+\text{const.}“$$

2°. giebt die Gleichung

$$\sin A-\sin B=2\sin\tfrac{1}{2}(A-B)\cos\tfrac{1}{2}(A+B),$$
$$\Delta\sin x=\sin(x+h)-\sin x=2\sin\tfrac{1}{2}h\cos(x+\tfrac{1}{2}h),$$

woraus hervorgeht:

$$\cos(x+\tfrac{1}{2}h)=\frac{\Delta\sin x}{2\sin\frac{1}{2}h},\quad\cos x=\frac{\Delta\sin(x-\frac{1}{2}h)}{2\sin\frac{1}{2}h},$$

$$„\Sigma\cos x=\frac{\sin(x-\frac{1}{2}h)}{2\sin\frac{1}{2}h}+\text{const.}“$$

3°. wird die Verwandlung der Potenzen der Sinusse und Cosinusse und der Producte derselben in Functionen von Sinussen und Cosinussen der vielfachen Bogen, die Integration der allgemeinen Function

$$\sin x^m \cos x^n$$

auf die beiden vorhergehenden Formeln zurückführen, wenn die Exponenten m und n ganze positive Zahlen sind. In der That, diese Function wird in eine Folge von Gliedern von der Form $A \sin qx$ oder $A \cos qx$ verwandelt werden, deren Integrale sich aus denjenigen von $A \sin x$ oder $A \cos x$ ableiten lassen, wenn man qx und qh für x und h schreibt; und es ist leicht zu sehen, daß man im Allgemeinen haben wird:

$$„\Sigma \sin(p+qx) = -\frac{\cos(p+qx-\frac{1}{2}qh)}{2\sin\frac{1}{2}qh} + \text{const.}“$$

$$„\Sigma \cos(p+qx) = \frac{\sin(p+qx-\frac{1}{2}qh)}{2\sin\frac{1}{2}qh} + \text{const.}“$$

§. 405.

Der Nutzen, den der Ausdruck von Σu für die Summation der Reihen gewährt, hat die Analysten bewogen, sich viel mit demselben zu beschäftigen; auch sind sie dahin gelangt, demselben sehr zierliche Formen zu geben; Euler machte ihn von den Differential-Coefficienten von u und von dem Integrale $\int u dx$ abhängig.

Man gelangt zu diesem letzten Resultate, wenn man von der Formel

$$\Delta z = \frac{dz}{dx}\frac{h}{1} + \frac{d^2z}{dx^2}\frac{h^2}{1.2} + \frac{d^3z}{dx^3}\frac{h^3}{1.2.3} + \text{etc.}$$

ausgeht, welche

$$z = \frac{h}{1}\Sigma\frac{dz}{dx} + \frac{h^2}{1.2}\Sigma\frac{d^2z}{dx^2} + \frac{h^3}{1.2.3}\Sigma\frac{d^3z}{dx^3} + \text{etc.}$$

giebt. Macht man

$$\frac{dz}{dx} = u,$$

so erfolgt

$$z = \int u dx, \text{ und}$$

$$\int u dx = h\Sigma u + \alpha h^2 \Sigma\frac{du}{dx} + \beta h^3 \Sigma\frac{d^2u}{dx^2} + \text{etc.},$$

wofern man die numerischen Coefficienten mit α, β, γ etc. bezeichnet. Hieraus zieht man:

$$\Sigma u = \frac{1}{h}\int u dx - \alpha h \Sigma\frac{du}{dx} - \beta h^2 \Sigma\frac{d^2u}{dx^2} - \text{etc.},$$

welcher Ausdruck, durch die Verwandlung von u in $\frac{du}{dx}$, $\frac{d^2u}{dx^2}$ ꝛc., zu den folgenden führt:

$$\Sigma\frac{du}{dx} = \frac{1}{h}\; u - \alpha h \Sigma\frac{d^2u}{dx^2} - \beta h^2 \Sigma\frac{d^3u}{dx^3} - \text{ꝛc.},$$

$$\Sigma\frac{d^2u}{dx^2} = \frac{1}{h}\frac{du}{dx} - \alpha h \Sigma\frac{d^3u}{dx^3} - \beta h^2 \Sigma\frac{d^4u}{dx^4} - \text{ꝛc.},$$

$$\Sigma\frac{d^3u}{dx^3} = \frac{1}{h}\frac{d^2u}{dx^2} - \alpha h \Sigma\frac{d^4u}{dx^4} - \beta h^2 \Sigma\frac{d^5u}{dx^5} - \text{ꝛc.},$$

ꝛc. *),

mit welchen man nach und nach die Functionen

$$\Sigma\frac{du}{dx},\ \Sigma\frac{d^2u}{dx^2},\ \Sigma\frac{d^3u}{dx^3},\ \text{ꝛc.}$$

aus dem Werthe von Σu eliminiren wird, und es ist leicht zu sehen, daß das Resultat nothwendig von der Form

$$\Sigma u = \frac{1}{h}\int u dx + Au + Bh\frac{du}{dx} + Ch^2\frac{d^2u}{dx^2} + \text{ꝛc.}$$

seyn wird. Die Bestimmung der Coefficienten A, B, C ꝛc. läßt sich hier eben so ermitteln, wie in §. 391., nämlich durch die Betrachtung der besondern Function e^x, für welche man findet:

$$\Sigma e^x = \frac{e^x}{e^h - 1},\ \int e^x dx = e^x,\ \frac{d^m.e^x}{dx^m} = e^x,$$

woraus hervorgeht:

$$\frac{1}{e^h - 1} = \frac{1}{h} + A + Bh + Ch^2 + \text{ꝛc.},$$

wodurch gezeigt wird, daß die Coefficienten A, B, C ꝛc. nichts Anders sind, als diejenigen, welche die Potenzen von h in der nach einer steigenden Reihe in Bezug auf diesen Buchstaben geordneten Entwickelung der Function $\frac{1}{e^h - 1}$ multipliciren.

---

*) Man bildet auch diese Ausdrücke, wenn man bemerkt, daß $\Sigma\frac{du}{dx} = \frac{d.\Sigma u}{dx}$, was sich auf folgende Art beweisen läßt.

Zuerst hat man $d\Delta u = \Delta du$, weil

$$d\Delta u = d[f(x+h) - f(x)] = [f'(x+h) - f'(x)]dx,$$

$$\Delta du = \Delta f'(x)dx = [f'(x+h) - f'(x)]\,dx.$$

Setzt man hierauf $\Sigma u = U$, welches $u = \Delta U$ giebt, so erfolgt:

$$du = d\Delta U = \Delta dU,$$

weßhalb $\Sigma du = \Sigma\Delta dU = dU = d\Sigma u$.

Setzt man für $e^h - 1$ seinen Werth

$$\frac{h}{1} + \frac{h^2}{2.2} + \frac{h^3}{1.2.3} + \text{etc. } (27)$$

so wird es nicht schwer seyn, wenigstens die ersten Coefficienten A, B, C etc. zu berechnen. Man wird alsdann finden:

$$A = -\frac{1}{2},\ B = \frac{1}{12},\ C = 0,\ D = -\frac{1}{720},\ E = 0,\ \text{etc.}$$

und folglich:

$$,,\Sigma u = \frac{1}{h}\int u dx - \frac{1}{2} u + \frac{h}{12}\frac{du}{dx} - \frac{h^3}{720}\frac{d^3u}{dx^3} + \text{etc. }^{*})\text{``}$$

§. 406.

Man wird auf dieselbe Weise und ohne mehr Schwierigkeiten, die Integrale $\Sigma\Sigma u$ oder $\Sigma^2 u$, $\Sigma\Sigma^2 u$ oder $\Sigma^3 u$ und im Allgemeinen

$$\Sigma^m u$$

erhalten.

Denn die Formel

$$\varDelta^m z = \frac{d^m z}{dx^m} h^m + \alpha \frac{d^{m+1}z}{dx^{m+1}} h^{m+1} + \beta \frac{d^{m+2}z}{dx^{m+2}} h^{m+2} + \text{etc.}$$

führt zu:

$$z = h^m \Sigma^m \frac{d^m z}{dx^m} + \alpha h^{m+1} \Sigma^m \frac{d^{m+1}z}{dx^{m+1}} + \beta h^{m+2} \Sigma^m \frac{d^{m+2}z}{dx^{m+2}} + \text{etc.};$$

macht man hierauf

$$\frac{d^m z}{dx^m} = u,$$

so erhält man:

$$z = \int^m dx^m,$$

und folglich:

$$\Sigma^m u = \frac{1}{h^m}\int^m u dx^m - \alpha h \Sigma^m \frac{du}{dx} - \beta h^2 \Sigma^m \frac{d^2u}{dx^2} - \text{etc.},$$

---

*) Alle Coefficienten der geraden Potenzen von h sind Null; dieses, so wie das allgemeine Gesetz der andern, findet sich bewiesen in dem „Traité etc.“ in 4to. Band III. S. 106 u. f.

Dieselbe Formel giebt für $\int u dx$ einen Werth, welcher der Formel III. des §. 233. mit Vortheil ersetzen kann, besonders wenn man in ihr statt der Differential-Coefficienten, deren Ausdrücke in Differenzen (392.) substituirt. Das Resultat läßt sich, wie diejenigen des §. 388. auf Functionen anwenden, wovon man nicht den analytischen Ausdruck, sondern nur eine Folge von numerischen Werthen hat. (Siehe „den Traité etc.“ in 4to. Band III. S. 182. u. f.)

wo man nach und nach

$$\frac{du}{dx},\ \frac{d^2u}{dx^2},\ \text{ꝛc.}$$

für u setzen wird, um die Werthe

$$\Sigma^m \frac{du}{dx} = \frac{1}{h^m}\int^{m-1} u\,dx^{m-1} - \alpha h \Sigma^m \frac{d^2u}{dx^2} - \beta h^2 \Sigma^m \frac{d^3u}{dx^3} - \text{ꝛc.},$$

$$\Sigma^m \frac{d^2u}{dx^2} = \frac{1}{h^m}\int^{m-2} u\,dx^{m-2} - \alpha h \Sigma^m \frac{d^3u}{dx^3} - \beta h^2 \Sigma^m \frac{d^4u}{dx^4} - \text{ꝛc.},$$

ꝛc.

zu erhalten, mit deren Hülfe man $\Sigma^m \frac{du}{dx}$, $\Sigma^m \frac{d^2u}{dx^2}$, ꝛc. aus dem Ausdrucke von $\Sigma^m u$ wegschafft. Die Endgleichung kann so dargestellt werden:

$$\Sigma^m u = \frac{1}{h^m}\int^m u\,dx^m + \frac{A}{h^{m-1}}\int^{m-1} u\,dx^{m-1}$$

$$+ \frac{B}{h^{m-2}}\int^{m-2} u\,dx^{m-2} + \ldots + \frac{M}{h}\int u\,dx$$

$$+ Nu + Ph\frac{du}{dx} + Qh^2\frac{d^2u}{dx^2} + \text{ꝛc.};$$

und macht man $u = e^x$, so wird dieselbe:

$$\frac{1}{(e^h-1)^m} = \frac{1}{h^m} + \frac{A}{h^{m-1}} + \frac{B}{h^{m-2}} + \ldots + \frac{M}{h}$$

$$+ N + Ph + Qh^2 + \text{ꝛc.}:$$

die Coefficienten A, B, ... M, N ꝛc. sind also auch hier wiederum diejenigen, welche die Potenzen von h in der Entwickelung von $\frac{1}{(e^h-1)^m}$ multipliciren; und hieraus entspringt zwischen den Integralen und negativen Potenzen eine Analogie, welche nur eine Fortsetzung derjenigen ist, welche zwischen den Differenzen und positiven Potenzen Statt findet, so daß sich die Integrale als Differenzen von einer Ordnung ansehen lassen, deren Exponent negativ ist. Es leuchtet nämlich ein, daß man, dem Vorhergehenden zufolge,

$$„\Sigma^m u = \frac{1}{\left(e^{\frac{du}{dx}h} - 1\right)^m} = \left(e^{\frac{du}{dx}h} - 1\right)^{-m}“$$

aufstellen kann, wofern man nach der Entwickelung die Potenzen $\frac{du^p}{dx^p}$ in $\frac{d^pu}{d^px}$ verwandelt, indem man bemerkt, daß in

$\frac{d^{-p}u}{dx^{-p}} = d^{-p}u\,dx^p$, d^{-p} mit $\int^p$ einerlei ist, oder auch:

$$„\Sigma^m u = \left(e^{\frac{d}{dx}h} - 1\right)^{-m} u“$$

Ausdrücke, welche sich aus denen von $\Delta^m u$ (391.) ableiten lassen, wenn man den Exponenten m mit dem Zeichen — versieht.

§. 407.

Die Integration durch Theile läßt sich bei den Differenzen eben so gut anbringen, wie bei den Differentialen. Es seyen P und Q zwei beliebige Functionen von x; man mache

$$\Sigma PQ = Q\Sigma P + z,$$

wo z eine unbekannte Function derselben Veränderlichen ist; und nimmt man auf beiden Seiten die Differenz, so erhält man

$$PQ = (Q + \Delta Q)\Sigma(P + \Delta P) - Q\Sigma P + \Delta z;$$

entwickelt man und reducirt, indem man bemerkt, daß $Q\Sigma\Delta P = PQ$, so erfolgt:

$$o = \Delta Q\Sigma(P + \Delta P) + \Delta z,$$

oder:

$$\Delta z = -\Delta Q\Sigma(P + \Delta P),$$

und folglich:

$$z = -\Sigma\Delta Q\Sigma(P + \Delta P),$$

sodann:

$$\Sigma PQ = Q\Sigma P - \Sigma\Delta Q\Sigma(P + \Delta P) \quad . \; . \; . \; (A),$$

welche Formel

$$\Sigma PQ = Q\Sigma P - \Sigma\Delta Q\Sigma P, \quad . \; . \; . \; . \quad (1)$$

wird, wenn man P_1 für $P + \Delta P$ schreibt.

Verwandelt man in der Formel (A) Q in ΔQ, P in ΣP_1, und bemerkt, daß

$$\Sigma P_1 + \Delta\Sigma P_1 = \Sigma(P_1 + \Delta P_1) = \Sigma P_2,$$

so leitet man daraus ab:

$$\Sigma\Delta Q\Sigma P_1 = \Delta Q\Sigma^2 P_1 - \Sigma\Delta^2 Q\Sigma^2 P_2,$$

und die Formel (1) wird:

$$\Sigma PQ = Q\Sigma P - \Delta Q\Sigma^2 P_1 + \Sigma\Delta^2 Q\Sigma^2 P_2 \; \ldots \; (2).$$

Verwandelt man hierauf in der Formel (A) Q in $\Delta^2 Q$, P in $\Sigma^2 P_2$, und bemerkt dann, daß

$$\Sigma^2 P_2 + \Delta\Sigma^2 P_2 = \Sigma^2 P_3,$$

so findet man:

$$\Sigma\Delta^2 Q\Sigma^2 P_2 = \Delta^2 Q\Sigma^3 P_2 - \Sigma\Delta^3 Q\Sigma^3 P_3,$$

und die Formel (2) wird:

$$\Sigma PQ = Q\Sigma P - \Delta Q\Sigma^2 P_1 + \Delta^2 Q\Sigma^3 P_2 - \Sigma\Delta^3 Q\Sigma^3 P_3,$$

was zu folgendem zierlichen in den „philosophical Transactions“ von Taylor gelieferten Resultate führt:

$$\Sigma PQ = Q\Sigma P - \Delta Q\Sigma^3 P_1 + \Delta^2 Q\Sigma^3 P_2 - \Delta^3 Q\Sigma^4 P_3 + \Delta^4 Q\Sigma^5 P_4 - \text{etc.}$$

Schreibt man hier für P_1, P_2, P_3 etc. deren Werthe in P und vollzieht die Integrationen, welche möglich werden: so geht diese Formel über in:

$$\Sigma PQ = Q\Sigma P - \Delta Q(\Sigma^2 P + \Sigma P) + \Delta^2 Q(\Sigma^3 P + 2\Sigma^2 P + \Sigma P) - \Delta^3 Q(\Sigma^4 P + 3\Sigma^3 P + 3\Sigma^2 P + \Sigma P) + \text{etc.}$$

Unter dieser Form lieferte sie Condorcet in seinem „Essai sur l'application de l'analyse à la probabilité des décisions“ S. 163.

Diese Formel schließt, so oft die Function in einer beliebigen Ordnung zu constanten Differenzen führt; und wenn die Function P eine hinreichende Anzahl von auf einander folgenden Integrationen zuläßt, so gelangt man zu dem genauen Integrale der Function PQ.

Anwendung der Differenzen=Rechnung auf die Summation der Reihen.

§. 408.

In einer beliebigen Reihe

$$u, u_1, u_2, u_3, \ldots\ldots u_{n-1}, u_n$$

kann das allgemeine Glied u_n als die Differenz derjenigen Function angesehen werden, welche die Summe der vorhergehenden Glieder ausdrückt, so daß man, wofern

$$u + u_1 + u_2 \ldots\ldots + u_{n-1} = S_{n-1}$$

gemacht wird,

$$\Delta S_{n-1} = u_n \text{ und } S_{n-1} = \Sigma u_n \; (394.)$$

haben wird.

Es folgt hieraus, daß die ganze Summe mit Einschluß des allgemeinen Gliedes

$$S_n = \Sigma u_n + u_n$$

seyn wird.

Man sieht auch, daß, da S_n aus S_{n-1} durch die Verwandlung von n in $n+1$ hervorgeht, der Ausdruck von S_n sich auf dieselbe Weise aus demjenigen von Σu_n ableiten läßt.

Wenn demnach f(x) das allgemeine Glied einer beliebigen

Reihe bezeichnet, in welcher die Differenz der unabhängigen Veränderlichen h ist, so wird die Summe dieser Reihe, die ich durch $Sf(x)$ darstellen will,

$$\text{„}Sf(x) = \Sigma f(x) + f(x)\text{“}$$

seyn, oder wird erhalten werden, wenn man, in $\Sigma f(x)$, $x+h$ für x setzt; und man muß nicht unterlassen, dem Resultate eine willkürliche Constante hinzuzufügen.

Verlangt man die Summe der Reihe nur für ganze Werthe des Stellenzeigers, so läßt sich die willkürliche Constante, welche alsdann eine wahre Constante ist (395.), gerade so bestimmen, wie bei den Integralen der Differentiale. Läßt man die Reihe bei demjenigen Gliede anheben, welches dem Stellenzeiger $x=a$ entspricht, und hat man im Allgemeinen

$$Sf(x) = F(x) + \text{const.},$$

so muß man haben:

$$F(a) + \text{const.} = f(a),$$

weßhalb

$$\text{const.} = f(a) - F(a),$$

und

$$\text{„}Sf(x) = F(x) - F(a) + f(a)\text{“}.$$

Schließt man die Reihe mit dem Gliede, welches dem Stellenzeiger $x = a + nh$ entspricht, so erfolgt:

$$f(a) + f(a+h) + f(a+2h) \ldots . + f(a+nh) = F(a+nh) - F(a) + f(a),$$

welches sich auf

$$f(a+h) + f(a+2h) \ldots + f(a+nh) = F(a+nh) - F(a)$$

reducirt und, wie man erwarten mußte, zeigt, daß das Glied $f(a)$ keinen Theil der zwischen den Grenzen $x=a$ und $x=a+nh$ genommenen Summe ausmacht, daß aber, wenn jenes Glied mit eingeschlossen werden soll, die Summe zwischen $x=a-h$ und $x=a+nh$ zu nehmen ist.

§. 409.

Gehen wir nun zu Anwendungen über. Aus den Formeln des §. 398. wird man ableiten:

$$Sx(x+h)(x+2h) \ldots [x+(m-1)h] = \frac{x(x+h)(x+2h) \ldots (x+mh)}{(m+1)h} + \text{const.},$$

$$S\frac{1}{x(x+h)(x+2h) \ldots [x+(m-1)h]} =$$

$$\frac{-1}{(m-1)h(x+h)(x+2h)\ldots[x+(m-1)h]}+\text{const.},$$

Ausdrücke, mit deren Hülfe man die Summen der directen und inversen Reihen der figurirten Zahlen erhalten kann. *)

Bei den ersteren, deren allgemeine Glieder

$$\frac{x}{1},\ \frac{x(x+1)}{1.2},\ \frac{x(x+1)(x+2)}{1.2.3}\ \text{rc.}$$

sind, macht man $h=1$ und nach und nach $m=1$, $m=2$ rc.: so erfolgt:

$$S\frac{x}{1}=\frac{x(x+1)}{1.2}+\text{const.},$$

$$S\frac{x(x+1)}{1.2}=\frac{x(x+1)(x+2)}{1.2.3}+\text{const.},$$

$$S\frac{x(x+1)(x+2)}{1.2.3}=\frac{x(x+1)(x+2)(x+3)}{1.2.3.4}+\text{const.}$$

rc.

wo man die willkürlichen Constanten weglassen kann, weil alle diese Ausdrücke verschwinden, wenn $x=0$.

Bei den letzteren, deren allgemeine Glieder

$$\frac{1}{x},\ \frac{1.2}{x(x+1)},\ \frac{1.2.3}{x(x+1)(x+2)}\ \text{rc.}$$

sind, findet man die zweite Formel, für die erste Reihe wegen des Divisors $1-1$, unbrauchbar; allein für die übrigen Reihen hat man

$$1.2.S\frac{1}{x(x+1)}=-\frac{2}{x+1}+\text{const.}$$

$$1.2.3.S\frac{1}{x(x+1)(x+2)}=-\frac{3}{(x+1)(x+2)}+\text{const.}$$

rc.

Bestimmt man die Constanten dadurch, daß die Summen beim ersten Gliede anheben, welches in jeder Reihe die Einheit ist: so findet man die Ausdrücke

$$\frac{2}{1}-\frac{2}{x+1},\ \frac{3}{2}-\frac{3}{(x+1)(x+2)},\ \text{rc.}$$

*) Siehe, was diese Reihen betrifft, das „Complément des Elémens d'Algèbre. Es ist gut zu bemerken, daß dieselben mit den Coeffizienten der Potenzen von z in der Entwickelung von $(1+z)^{-x}$ identisch sind.

welche, da sie sich auf $\frac{2}{1}$, $\frac{3}{2}$ ꝛc. reduciren, wenn x unendlich groß wird, die Grenzen der Reihen

$$1+\frac{1}{3}+\frac{1}{6}+\frac{1}{10}\ldots+\frac{1.2}{x(x+1)}+\text{ꝛc.}$$

$$1+\frac{1}{4}+\frac{1}{10}+\frac{1}{20}\ldots+\frac{1.2.3}{x(x+1)(x+2)}+\text{ꝛc.}$$

ꝛc.

darbieten.

§. 410.

Schreibt man in dem Ausdrucke von Σx^m (401.) $x+h$ für x, so erhält man eben so Sx^m d. i. die Summe der Reihen

$$1,\ 2^m,\ 3^m,\ \ldots\ x^m.$$

Entwickelt man insbesondere Sx^2 und macht $h=1$, so findet man nach den Reductionen

$$Sx^2=\frac{2x^3+3x^2+x}{6}+\text{const.}$$

für die Summe der Reihe der Quadrate $1, 4, 9 \ldots x^2$.

§. 411.

Aus den §§. 403. 404 wird man folgern, daß

$$Sa^x = \frac{a^{x+h}}{a^h-1}+\text{const.}$$

$$S\sin x=-\frac{\cos(x+\frac{1}{2}h)}{2\sin\frac{1}{2}h}+\text{const.},$$

$$S\cos x=\frac{\sin(x+\frac{1}{2}h)}{2\sin\frac{1}{2}h}+\text{const.}$$

Um z. B. die Summe der Reihe

$$\sin a,\ \sin(a+h),\ \ldots\ \sin(a+nh)$$

zu erhalten, muß man $S\sin x$ von $x=a-h$ bis zu $x=a+nh$ nehmen (408.), und es erfolgt alsdann:

$$\frac{\cos(a-\frac{1}{2}h)-\cos(a+nh+\frac{1}{2}h)}{2\sin\frac{1}{2}h}=\frac{\sin(a+\frac{1}{2}nh)\sin\frac{1}{2}(n+1)h}{\sin\frac{1}{2}h}.$$

Der allgemeine Ausdruck von Σu des §. 405. giebt auch für $\int u$ eine allgemeine Formel, wovon man später (435.) eine merkwürdige Anwendung finden wird.

Von der Integration der Differenzen-Gleichungen mit zwei Veränderlichen.

§. 412.

Bis hierher setzte ich voraus, daß die Differenz der gesuchten Function explicite durch die unabhängige Veränderliche gegeben war. Jetzt will ich mich aber mit den Fällen beschäftigen, wo man bloß eine jene Function, deren Differenzen, die unabhängige Veränderliche und deren Zuwachs enthaltende Gleichung hat. Wenn die Function y von der Veränderlichen x abhangt, deren Zuwachs constant ist, so wird die gegebene Gleichung die folgende Form haben:

$$F(x, y, \Delta y, \Delta^2 y, \text{ꝛc.}) = 0.$$

Es ist angemessen zu bemerken, daß man hieraus die Differenzen Δy, $\Delta^2 y$ ꝛc. wegschaffen kann, wenn man sie durch die auf einander folgenden Werthe von y ersetzt, weil man

$$\Delta y = y_1 - y, \; \Delta^2 y = y_2 - 2y_1 + y, \text{ ꝛc. } (377.)$$

hat; und das Resultat nimmt die Form

$$F(x, y, y_1, y_2, \text{ꝛc.}) = 0$$

an, woraus man ersieht, daß jede Differenzen-Gleichung den Werth der gesuchten Function durch das Mittel einer gewissen Anzahl vorhergehender Werthe finden lehrt.

Ist die Gleichung z. B. von der ersten Ordnung, so erhält man y_1 vermittelst y; ist sie von der zweiten, so erhält man y_2 durch y_1 und y ausgedrückt u. s. w.

Es ist leicht wahrzunehmen, daß eine beliebige Differenzen-Gleichung einer Reihe gleichkommt, in welcher man jedes Glied vermittelst der Relation desselben mit den vorhergehenden und mit seinem Stellenzeiger erhält. Denn hat man z. B.

$$y_2 = f(x, y, y_1),$$

so leitet man hieraus ab:

$$y_3 = f(x+h, y_1, y_2),$$
$$y_4 = f(x+2h, y_2, y_3),$$
$$\text{ꝛc.}$$

wofern h den Zuwachs von x bezeichnet, und man bildet also die Reihe

$$y, y_1, y_2, y_3, y_4, \text{ ꝛc.}$$

vermittelst ihrer beiden ersten Glieder.

Dieser besondere Fall reicht hin zu zeigen, daß in jeder aus einer beliebigen Differenzen-Gleichung hervorgehenden Reihe immer so viele willkürliche Constanten vorfindlich sind, als Einheiten in dem Exponenten der Ordnung jener Gleichung enthalten sind.

§. 413.

Man kann jede Differenzen-Gleichung in eine Differential-Gleichung von einer unendlich großen Ordnung verwandeln, wenn man für Δy, $\Delta^2 y$ ꝛc. deren Entwickelungen nach §. 391. substituirt; und es ist nicht weniger einleuchtend, daß man auch jede Differential-Gleichung in eine Differenzen-Gleichung von einer unendlich großen Ordnung verwandeln würde, wenn man die Differential-Coefficienten durch ihre Entwickelungen nach §. 392. ersetzte.

Es scheint nicht, daß diese Transformationen, welche den Uebelstand haben, eine unendliche Anzahl von Gliedern einzuführen, im Allgemeinen sehr nützlich zur Integration der Gleichungen seyn können; allein sie sind sehr geeignet, den wahren Unterschied zwischen der Differential- und der Differenzen-Rechnung auffassen zu machen. Sie beweisen nämlich, daß in Gemäßheit der Natur der letzteren, die Differenzen der unabhängigen Veränderlichen nothwendig bestimmt seyn müssen; denn hat man eine Gleichung zwischen

$$x,\ y,\ \Delta x,\ \Delta y,\ \Delta^2 y \text{ ꝛc.},$$

in welcher der Zuwachs Δx unbestimmt sey, und entwickelt dieselbe nach den Potenzen von Δx, Δy, $\Delta^2 y$ ꝛc, wodurch sie die Form

$$\left.\begin{array}{l} A\Delta x + B\Delta y \\ + C\Delta x^2 + D\Delta x\Delta y + E\Delta y^2 + F\Delta^2 y \\ + \text{ꝛc.} \end{array}\right\} = 0$$

erhält, so kann man für Δy, $\Delta^2 y$ ꝛc. deren Entwickelungen substituiren; und da Δx noch unbestimmt bleibt, so müssen die Coefficienten der verschiedenen Potenzen dieses Zuwachses von selbst verschwinden. Man erhält also zwischen den Veränderlichen x, y und ihren Differentialen eine unendliche Anzahl von Gleichungen, welche mit einander übereinstimmen müssen, damit die gegebene Etwas bedeute; und in diesem Falle würde diese nur mit der ersten jener Gleichungen übereinstimmen, wovon die übrigen die auf einander folgenden Differentiale würden.

Nimmt man die Differenzen-Gleichung nur von der ersten Ordnung an, wodurch dieselbe auf

$$A\Delta x + B\Delta y + C\Delta x^2 + D\Delta x\Delta y + E\Delta y^2 + \text{ꝛc.} = 0$$

reducirt wird, und macht

$$\Delta y = \frac{dy}{dx}\frac{\Delta x}{1} + \frac{d^2 y}{dx^2}\frac{\Delta x^2}{1.2} + \frac{d^3 y}{dx^3}\frac{\Delta x^3}{1.2.3} + \text{ꝛc.},$$

so erfolgt:

$$\left.\begin{array}{l} B\dfrac{dy}{dx} \\ +A \end{array}\right\} \left.\begin{array}{l} +E\dfrac{dy^2}{dx^2} \\ +D\dfrac{dy}{dx} \\ \\ +C \\ +\dfrac{B}{1.2}\dfrac{d^2y}{dx^2} \end{array}\right\} \Delta x \left. \begin{array}{l} \\ \end{array} \right\} \Delta x^2 + \text{rc.} \left.\begin{array}{l} \\ \end{array}\right\} = o,$$

woraus man zieht:

$$B\frac{dy}{dx}+A=o,\ E\frac{dy^2}{dx^2}+D\frac{dy}{dx}+C+\frac{B}{1.2}\frac{d^2y}{dx^2}=o,\ \text{rc.};$$

und wenn diese Folge von Gleichungen nicht Statt finden kann, so kann die gegebene nur dadurch bestätigt werden, daß man Δx einen besonderen Werth zuweist.

§. 414.

Nach dieser begründeten Einleitung gehe ich zur wirklichen Integration einer allgemeinen Differenzen-Gleichung vom ersten Grade und von der ersten Ordnung über.

Ich nehme an, daß die Differenz der Veränderlichen x, d. i. Δx Eins sey, und daß man die der im §. 285. behandelten Differential-Gleichung analoge Gleichung

$$„\Delta y + Py = Q“$$

habe; ein Verfahren, welches demjenigen des erwähnten §. ähnlich ist, wird uns zum gesuchten Integrale führen.

Macht man $y=uz$, so erfolgt:

$$\Delta y = u\Delta z + z\Delta u + \Delta u\Delta z;$$

wodurch die gegebene Gleichung in

$$u\Delta z + z\Delta u + \Delta u\Delta z + Puz = Q$$

verwandelt wird; und macht man trennungsweise

$$z\Delta u + \Delta u\Delta z = o \text{ oder } \Delta u + Pu = o,$$

so bleibt:

$$u\Delta z + \Delta u\Delta z = Q,$$

woraus man zieht:

$$\Delta z = \frac{Q}{u+\Delta u},$$

mithin:

$$z = \Sigma\frac{Q}{u+\Delta u}.$$

Die Aufgabe ist also dahin zurückgeführt, die Gleichung

$$\Delta u + Pu = 0$$

zu integriren; hier lassen sich die Veränderlichen trennen, wenn man die folgende Form

$$\frac{\Delta u}{u} = -P$$

aufstellt, weil P nur x, gemäß der Annahme, enthalten soll. Es sey $u = e^t$, so folgt hieraus:

$$\Delta u = e^t(e^{\Delta t} - 1) \text{ und } \frac{\Delta u}{u} = e^{\Delta t} - 1 = -P,$$

woraus man zieht:

$$e^{\Delta t} = 1 - P,$$
$$\Delta t = l(1 - P), \text{ und}$$
$$t = \Sigma l(1 - P)$$

Allein die Summe der Logarithmen der Function $1 - P$ entspricht dem ununterbrochenen Produkte der aufeinander folgenden Werthe von $1 - P$ zwischen den Grenzen des Integrals d. i.

$$(1 - P_{x-1})(1 - P_{x-2})(1 - P_{x-3}) \ldots . . (1 - P_0) \; (408.);$$

bezeichnet man dieses Produkt durch $[1 - P_{x-1}]^{x}$, wofern x die Anzahl der Factoren andeutet, so wird man haben:

$$t = l[1 - P_{x-1}]^{x},$$

woraus man schließt:

$$u = e^t = [1 - P_{x-1}]^{x};$$

und beachtet man, daß $u + \Delta u = u_1$, so erhält man:

$$u + \Delta u = [1 - P_x]^{x+1} \text{ und } z = \Sigma \frac{Q}{[1 - P_x]^{x+1}},$$

was endlich

$$\text{„}y = [1 - P_{x-1}]^{x} \, \Sigma \frac{Q}{[1 - P_x]^{x+1}}\text{“}$$

geben wird, wofern die willkürliche Constante dem angedeuteten Integrale hinzugedacht wird.

Auf diese Weise ungefähr integrirte Lagrange, welcher zuerst die Analogie der Differenzen-Gleichungen vom ersten Grade mit den Differential-Gleichungen von demselben Grade nachwies, im Jahre 1761 die oben behandelte Gleichung; hierauf wendet er sein Resultat auf die Gleichung

$$y_1 = Ry + Q$$

an, welche mit

$$y + \Delta y = Ry + Q$$

einerlei ist. Vergleicht man diese letztere mit

$$\Delta y + Py = Q,$$

so hat man $P = 1 - R$, $1 - P = R$ und mithin:

$$y = [R_{x-1}] \overset{x}{\Sigma} \frac{Q}{[R_x]^{x+1}}.$$

Obschon die Entwickelung des Produkts $[1 - P_{x-1}]$ vorauszusetzen scheint, daß die Differenz von x der Einheit gleich ist, so kann man nichtsdestoweniger den vorhergehenden Ausdruck beibehalten, wenn $\Delta x = h$, wofern man ihn

$$(1 - P_{x-h})(1 - P_{x-2h})(1 - P_{x-3h}) \text{ rc.}$$

entsprechen läßt, oder auch die gegebene Gleichung in eine andere transformiren, indem man $x = hx'$ macht, welches $\Delta x = h\Delta x'$ und $\Delta x' = 1$ giebt.

Wenn der Coefficient R constant ist, so hat man:

$$y = R^x \Sigma \frac{Q}{R^{x+1}};$$

und wenn es sich eben so mit Q verhält, so läßt sich die angedeutete Integration leicht vollziehen: man erhält in diesem Falle:

$$\Sigma \frac{Q}{R^{x+1}} = Q \Sigma R^{-x-1} = \frac{QR^{-x-1}}{R^{-1} - 1} = \frac{Q}{R^x(1-R)} \quad (403.),$$

und $$y = R^x \left\{ \frac{Q}{R^x(1-R)} + \text{const.} \right\}.$$

Im Allgemeinen kann der Werth von y alsdann immer von Integrationszeichen befreit werden, wenn Q eine rationale und ganze Function von x ist.

§. 415.

Auf die Differenzen-Gleichungen vom ersten Grade und von beliebiger Ordnung wendet Lagrange die von D'Alembert gelieferte Methode bei den Differential-Gleichungen vom ersten Grade an, deren Geist ich im §. 320. kennen gelehrt habe; allein ich will hier das Verfahren anwenden, womit er in 1775. auf diesen Gegenstand zurückkam, und welches ich nach seinem Vorgange schon auf die Differential-Gleichungen angewendet habe.

Zuerst erhält man den einer Gleichung von beliebiger Ordnung und vom ersten Grade in Bezug auf y_x,

$$y_{x+n} + P_x y_{x+n-1} + Q_x y_{x+n-2} \ldots\ldots + U_x y_x = 0 \ldots (A),$$

genügenden vollständigen Werth von y_x gerade so, wie man den Werth von y im §. 309. erhielt, wenn nämlich n besondere Werthe bekannt sind; denn es ist klar, daß, wenn

$$y'_x, y''_x, y'''_x, \ldots.$$

Functionen von x sind, welche jede für sich der Gleichung (A) genügen, der Ausdruck

$$y_x = C'y'_x + C''y''_x + C'''y'''_x + \text{etc.}$$

derselben ebenfalls ohne Bestimmung der Constanten C′, C″, C‴ etc. genügen wird, und daß, wenn die Anzahl der Glieder jenes Ausdrucks, wofern diese völlig unreducirbar unter einander sind, n seyn wird, derselbe alsdann das vollständige Integral unserer Gleichung seyn wird, weil er n willkürliche Constanten enthalten wird.

Zweitens läßt sich die Gleichung

$$y_{x+n} + P_x y_{x+n-1} + Q_x y_{x+n-2} \ldots + U_x y_x = V_x \ldots \text{(B)},$$

welche sich von der vorhergehenden durch eine zweite Seite unterscheidet, die bloß von x abhangt, eben so auf die vorhergehende zurückführen, wie dies in §. 314. geschah, indem nämlich die Constanten C′, C″, C‴ etc. als Functionen von x angesehen werden. In dieser Annahme führt der Ausdruck

$$y_x = C'_x y'_x + C''_x y''_x + C'''_x y'''_x + \text{etc.}$$

zunächst auf

$$y_{x+1} = C'_{x+1} y'_{x+1} + C''_{x+1} y''_{x+1} + C'''_{x+1} y'''_{x+1} + \text{etc.}$$

welches Resultat in

$$\begin{aligned} y_{x+1} = {} & C'_x y'_{x+1} + C''_x y''_{x+1} + C'''_x y'''_{x+1} + \text{etc.} \\ & + y'_{x+1} \Delta C'_x + y''_{x+1} \Delta C''_x + y'''_{x+1} \Delta C'''_x + \text{etc.} \end{aligned}$$

übergeht, wenn man für C'_{x+1}, C''_{x+1}, etc. deren Werthe

$$C'_x + \Delta C'_x,\ C''_x + \Delta C''_x, \text{ etc.}$$

substituirt, und sich auf

$$y_{x+1} = C'_x y'_{x+1} + C''_x y''_{x+1} + C'''_x y'''_{x+1} + \text{etc.},$$

reducirt, wofern man aufstellt:

$$y'_{x+1} \Delta C'_x + y''_{x+1} \Delta C''_x + y'''_{x+1} \Delta C'''_x + \text{etc.} = 0 \ldots (1),$$

gerade als wären die Größen C'_x, C''_x, C'''_x, constant geblieben. Läßt man x neuerdings variiren, so erhält man:

$$\begin{aligned} y_{x+2} & = C'_{x+1} y'_{x+2} + C''_{x+1} y''_{x+2} + C'''_{x+1} y'''_{x+2} + \text{etc.} \\ & = C'_x y'_{x+2} + C''_x y''_{x+2} + C'''_x y'''_{x+2} + \text{etc.} \\ & \quad + y'_{x+2} \Delta C'_x + y''_{x+2} \Delta C''_x + y'''_{x+2} \Delta C'''_x + \text{etc.}, \end{aligned}$$

welches Resultat durch die Annahme von

$$y'_{x+2} \Delta C'_x + y''_{x+2} \Delta C''_x + y'''_{x+2} \Delta C'''_x + \text{etc.} = 0 \ldots (2)$$

auf

$$y_{x+2} = C'_x y'_{x+2} + C''_x y''_{x+2} + C'''_x y'''_{x+2} + \text{etc.}$$

reducirt wird. Läßt man x zum dritten Male variiren, so gelangt man zu

$$y_{x+3}=C'_x y'_{x+3}+C''_x y''_{x+3}+C'''_x y'''_{x+3}+ \text{ꝛc.},$$

wenn man aufstellt:

$$y'_{x+3}\Delta C'_x+y''_{x+3}\Delta C''_x+y'''_{x+3}\Delta C'''_x+\text{ꝛc.}=0 \ldots (3);$$

und so fährt man fort bis zu den Gleichungen

$$y_{x+n-1}=C'_x y'_{x+n-1}+C''_x y''_{x+n-1}+C'''_x y'''_{x+n-1}+\text{ꝛc.},$$

$$y'_{x+n-1}\Delta C'_x+y''_{x+n-1}\Delta C''_x+y'''_{x+n-1}\Delta C'''_x+\text{ꝛc.}=0 \,.\,.\, (n\text{-}1).$$

Wenn man jetzt in dem Werthe von y_{x+n-1} x in $x+1$ verwandelt, so findet man

$$\begin{aligned} y_{x+n}=&\,C'_x y'_{x+n}+C''_x y''_{x+n}+C'''_x y'''_{x+n}+\text{ꝛc.}\\ &+y'_{x+n}\Delta C'_x+y''_{x+n}\Delta C''_x+y'''_{x+n}\Delta C'''_x+\text{ꝛc.};\end{aligned}$$

führt man die Werthe von

$$y_x,\ y_{x+1},\ \ldots\ldots y_{x+n-1},\ y_{x+n}$$

in die Gleichung (B) ein, indem man bemerkt, daß nach der Annahme und nach der Gleichung (A)

$$\begin{aligned} &y'_{x+n}+P_x y'_{x+n-1}+Q_x y'_{x+n-2}\ldots+U_x y'_x=0,\\ &y''_{x+n}+P_x y''_{x+n-1}+Q_x y''_{x+n-2}\ldots+U_x y''_x=0,\\ &y'''_{x+n}+P_x y'''_{x+n-1}+Q_x y'''_{x+n-2}\ldots+U_x y'''_x=0,\\ &\text{ꝛc.},\end{aligned}$$

so bleibt übrig:

$$y'_{x+n}\Delta C'_x+y''_{x+n}\Delta C''_x+y'''_{x+n}\Delta C'''_x+\text{ꝛc.}=V_x \ldots (n)$$

Man sieht leicht ein, daß man die Differenzen $\Delta C'_x$, $\Delta C''_x$, $\Delta C'''_x$ ꝛc. mit Hülfe der Gleichungen (1), (2) .... (n—1), (n) in Functionen vonx ausdrücken kann, wodurch das Aufsuchen der Größen C', C'', C''' ꝛc. auf die Integration der Functionen von einer einzigen Veränderlichen zurückgeführt wird.

§. 416.

Die Gleichung (A) weiß man nicht allgemein zu integriren; allein wenn ihre Coefficienten, anstatt Functionen von x zu seyn, Constanten sind, so daß man bloß hat:

$$y_{x+n}+Py_{x+n-1}+Qy_{x+n-2}+Ry_{x+n-3}\ldots+Uy_x=0\ldots(A),$$

so genügt man, wenn man

$$y_x=m^x$$

macht, woraus hervorgeht:

$$y_{x+1}=m^{x+1},\ y_{x+2}=m^{x+2},\ \ldots\ldots y_{x+n}=m^{x+n};$$

denn nun wird (A′)

$$m^n+Pm^{n-1}+Qm^{n-2}+Rm^{n-3}\ldots\ldots+U=0 \ldots (A''),$$

und wird befriedigt, wofern man für m die Wurzeln dieser letzteren nimmt. Bezeichnet man demnach diese verschiedenen Wurzeln durch m', m'', m''' ꝛc., so erhält man (vorhergeh. §.)

$$y_x = C'm'^x + C''m''^x + C'''m'''^x + \ldots.$$

Dieser Ausdruck bietet hinsichtlich der Größen m', m'', m''' etc. dieselben Umstände dar, wie das Integral der Diffenrential-Gleichung

$$d^n y + P dx d^{n-1} y + Q dx^2 d^{n-2} y \ldots + U y dx^n = o.$$

Es kann sich zutragen, daß unter den Wurzeln der Gleichung (A'') imaginäre oder gleiche vorkommen. In dem ersteren Falle kommt man, durch Transformationen, welche denjenigen des §. 310. analog sind, auf reelle Größen zurück. In dem letzteren Falle nimmt man zu dem im §. 311. angewendeten Kunstgriffe seine Zuflucht, um das Integral, welches aufhörte vollständig zu seyn, wiederum zu einem solchen zu machen.

§. 417.

Da die Gleichung (A') als eine solche angesehen werden kann, welche die Natur einer Reihe ausdrückt, deren allgemeines durch y_{x+n} vorgestelltes Glied von den n vorhergehenden Gliedern abhängig ist, so bezieht sie sich auf die recurrenten Reihen (Compl. des Elém d'Alg.) deren allgemeines Glied y_x nnd deren Beziehungs-Scale

$$-P, \; -Q, \ldots -U$$

ist; die Integration jener Gleichung entpricht demnach dem Aufsuchen des allgemeinen Gliedes der gegebenen Reihe; allein beachtet man nur das Gesetz ihrer Bildung, so sind die n ersten Glieder dieser Reihe nothwendig willkürlich; und nimmt man sie als gegeben an, indem man sie durch

$$y_0, \; y_1, \; y_2, \; y_3, \ldots y_{n-1},$$

bezeichnet, so kann man die folgenden Gleichungen bilden

$$\begin{aligned}
y_0 &= C' + C'' + C''' + \text{etc.},\\
y_1 &= C'm' + C''m'' + C'''m''' + \text{etc.},\\
y_2 &= C'm'^2 + C''m''^2 + C'''m'''^2 + \text{etc.},\\
y_3 &= C'm'^3 + C''m''^3 + C'''m'''^3 + \text{etc.},\\
&\ldots\ldots\ldots\ldots\\
y_{n-1} &= C'm'^{n-1} + C''m''^{n-1} + C'''m'''^{n-1} + \text{etc.},
\end{aligned}$$

vermittelst welcher man die Constanten C', C'', C''' ... bestimmen wird, deren Anzahl ebenfalls n ist. Die Auflösung dieser Gleichungen, welche übrigens nur vom ersten Grade sind, kann durch Kunstgriffe erleichtert werden, deren Erörterung in kein elementares Handbuch aufgenommen werden kann: ich werde mich hier auf die Bemerkung beschränken, daß diese Untersuchung mit derjenigen der Gesetze der Erscheinungen nach ihren Beobachtungen zusammenhangt.

§. 418.

Da die willkürlichen Constanten, welche die Integrale der Differenzen vervollständigen, willkürliche Functionen sind (395.), so können sie nicht dadurch bestimmt werden, daß man die Integrale der Nothwendigkeit unterwirft, einer begrenzten Anzahl von gegebenen Werthen zu genügen; denn es ist einleuchtend, daß jede willkürliche Function implicite eine unendliche Anzahl willkürlicher Werthe enthält. Es sey z. B. die Gleichung

$$y_x = X\varphi(\sin 2\pi x,\ \cos 2\pi x),$$

aus welcher man eine gewisse Anzahl von Werthen

$$y_0 = a,\ y_1 = a',\ y_2 = a'' \text{ etc.}$$

ziehen soll. Wenn diese Werthe

$$x = o,\ x = 1,\ x = 2 \text{ etc.}$$

entsprechen, so kann man im Allgemeinen nur der ersten der auferlegten Bedingungen genügen; denn sobald man für $\varphi(\sin 2\pi x, \cos 2\pi x)$ einen ersten bestimmten Werth angewiesen haben wird, aus welchem $y_0 = a$ hervorgeht, so folgt, weil dieser Werth für die Stellenzeiger $x = 1$, $x = 2$, etc. derselbe bleiben muß, daß die auf diese Stellenzeiger bezüglichen Werthe von y_x auch bestimmt sind: die gegebenen Größen a', a'', etc. entsprechen demnach dazwischenliegenden Stellenzeigern.

Wenn man, anstatt eine begrenzte Anzahl isolirter von einander unabhängiger Werthe anzuweisen, annimmt, daß der Ausdruck y_x in dem Zwischenraume zwischen $x = o$ und $x = 1$, dieselben Werthe liefern soll, wie eine gegebene Gleichung $y_x = f(x)$, so wird die Aufgabe bestimmt seyn. Denn wenn derjenige Werth von y verlangt würde, welcher einem Stellenzeiger entspricht, der einer beliebigen ganzen Zahl m nebst einem commensurabeln oder incommensurabeln Bruche n gleich ist, so berechnete man den Werth von y_n, nach der Gleichung $y_x = f(x)$, und vergliche man das Resultat mit demjenigen, welches alsdann die Gleichung

$$y_n = X\varphi(\sin 2\pi n,\ \cos 2\pi n)$$

giebt, so erhielte man für diesen Fall den Werth von

$$\varphi(\sin 2\pi n,\ \cos 2\pi n)$$

welcher derselbe seyn muß, wie derjenige von

$$\varphi[\sin 2\pi(m+n),\ \cos 2\pi(m+n)],$$

da m eine ganze Zahl ist: die Gleichung

$$y_x = X\varphi(\sin 2\pi x,\ \cos 2\pi x)$$

welche hierdurch

$$y_{m+n} = X_{m+n}\varphi(\sin 2\pi n,\ \cos 2\pi n)$$

wird, wäre demnach völlig bestimmt.

Die einzige Bedingung, welche die Gleichung $y_x = f(x)$ zu leisten hat, besteht darin, daß man aus ihr für y_0 und y_1 dieselben Werthe ziehen muß, wie aus der Gleichung

$$y_x = X\varphi(\sin 2\pi x, \ \cos 2\pi x).$$

§. 419.

Die geometrischen Betrachtungen hellen das Vorhergehende sehr auf. Zuerst kann man auf folgende Weise die sehr einfache Gleichung

$$\Delta y = 0$$

durch den Lauf einer Linie darstellen. Construirt man über der
Fig. 63. Geraden AR Fig. 63., welche in einer beliebigen Entfernung von der Abscissen-Achse OX mit dieser Achse parallel gezogen und in die Theile AA′, A′A″, A″A‴ ꝛc., welche Δx gleich sind, getheilt ist, krumme Linien wie

ABA′B′A″B″A‴S, ACA′C′A″C″A‴T, ADA′D′A″D″A‴U, ꝛc.,

welche durch die Punkte A, A′, A″, A‴, ꝛc. hindurchgehen und zwischen diesen Punkten aus gleichen und ähnlichen Theilen bestehen, so werden diese krummen Linien der Gleichung $\Delta y = 0$ genügen. Dieses leuchtet zunächst für die Punkte A, A′, A″, A‴ ꝛc. ein; und hierauf sieht man, daß wenn man $AP = x$, $AP' = x + \Delta x$ nimmt, weil die Bogen AL und A′L′, AM und A′M′, AN und A′N′ ꝛc. gleich und ähnlich sind, die Ordinaten LP und L′P′, MP und M′P′, NP und N′P′ ꝛc., ebenfalls respective gleich seyn werden, und mithin erhält man für jede krumme Linie $\Delta y = 0$.

Da die Bedingung $\Delta y = 0$ keine Continuirlichkeit in den Resultaten nach sich zieht, so werden die krummen Linien, AS, AT, AU ꝛc. diesem Gesetze nicht unterworfen seyn. Das aus ähnlichen Theilen EFE′, E′F′E″ ꝛc. bestehende Polygon EFE′F′E″F″E‴V giebt bei den durch Δx bezeichneten Zwischenräumen ebenfalls $\Delta y = 0$; eben so würde es sich mit einer Folge von gleichen und ähnlichen Bogen einer beliebigen krummen Linie verhalten, welche auf eine discontinuirliche Art vereinigt sind, wie es bei den Bogen GH, G′H′, G″H″ ꝛc. der Fall ist.

Es liegt am Tage, daß die Gleichung $y = \varphi\left(\sin \frac{2\pi x}{\Delta x}, \cos \frac{2\pi x}{\Delta x}\right)$ zu Linien führt, welche den obigen Bedingungen genügen.

§. 420.

Gehen wir jetzt zu der allgemeinen Gleichung von der ersten Ordnung

$$\Delta y = F(x, y)$$

über. Hat man den ersten Punkt B, Fig. 64., der gesuchten krummen Linie, gemäß den Bedingungen der Aufgabe, willkürlich gewählt oder bestimmt: so wird man, weil die gegebene Gleichung über alle Punkte, welche dem Abscissen-Stücke $AA' = \Delta x$ entsprechen, Nichts lehrt, und bloß die Ordinate $A'B' = y_1$ giebt, durch die Punkte B und B' einen Theil einer beliebigen krummen Linie hindurchgehen lassen können. Ist dieses geschehen, so nimmt man, um den der Abscisse A'A'' entsprechenden Theil zu erhalten, von einem beliebigen Punkte P' dieser Abscisse an rückwärts, eine Entfernung $PP' = AA' = \Delta x$, und nachdem man die Ordinate PM errichtet, zieht man MD' parallel mit PP'; zieht man hierauf aus der Gleichung $\Delta y = F(x, y)$ den Werth von Δy für die Abscisse AP, so wird dieser Werth die Gerade D'M' geben, welche mit $P'D' = PM$ vereinigt den Punkt M' kennen lehren wird. Man wird eben so alle Punkte des Bogens B'B'' finden; wird dieser Bogen nun ebenfalls wie der Bogen BB' behandelt, so wird er alle Punkte des dritten Bogens B''B''' geben u. s. w. Fig. 64.

Es ist einleuchtend, daß man durch dasselbe Verfahren die krumme Linie rückwärts vom Punkte A verlängern könnte, und daß sie in allen Fällen der gegebenen Gleichung genügen wird, weil die Differenzen $\Delta y = D'M'$ aus jener Gleichung gefolgerte Werthe haben werden. Ich überlasse dem Leser dieses Verfahren auf die Gleichungen von der zweiten und von höhern Ordnungen anzuwenden.

§. 421.

Man hat die Differenzen-Gleichungen bisher nur unter der Annahme $\Delta x = \text{const.}$ betrachtet; allein wenn man diese letzte Differenz als veränderlich ansieht, so gewinnt der Gegenstand sehr an Ausdehnung, wie man aus der folgenden Aufgabe wird ersehen können:

Wie findet man eine solche Function $\varphi(x)$ von x, daß, wenn man in ihr x in f(x) sodann in F(x) verwandelt, wobei F und f gegebene Functionen bezeichnen, die entsprechenden Ausdrücke $\varphi[f(x)]$, $\varphi[F(x)]$ eine gegebene Relation unter einander haben?

Laplace hat diese Gattung von Aufgaben durch ein sehr einfaches Verfahren auf solche Differenzen-Gleichungen zurückzuführen gewußt, in welchen die unabhängige Veränderliche nur constante Zuwachse erhält. Er setzt zu diesem Behuf

$$f(x) = u_z, \quad F(x) = u_{z+1},$$

wo u_z eine unbekannte Function der Veränderlichen z vorstellt;

und wenn man die erste dieser Gleichungen in Bezug auf x auflösen kann, so zieht man daraus

$$x = f_1(u_z),$$

welcher Werth die letzte in

$$u_{z+1} = F[f_1(u_z)]$$

d. i. in eine Differenzen-Gleichung verwandelt, in welcher die Veränderliche z bloß um die Einheit wächst. Kann man diese Gleichung integriren, so hat man den Ausdruck von u_z in Function von z; man wird auch x in Function von z erhalten; die Functionen $\varphi[F(x)]$ und $\varphi[f(x)]$ werden respective $\varphi(u_{z+1})$, $\varphi(u_z)$ werden, und man wird sie durch y_{z+1}, y_z bezeichnen können, wodurch die gegebene Relation zwischen den beiden Zuständen, in welche die Function φ versetzt werden soll, in eine Differenzen-Gleichung von der Form

$$f(y_z, y_{z+1}, z) = 0$$

verwandelt wird.

Zum Beispiel diene die Gleichung

$$\varphi(x)^2 = \varphi(2x) + 2$$

für welche $x = u_z$, $2x = u_{z+1}$ ist. Hieraus schließt man leicht $u_{z+1} = 2u_z$, eine Gleichung, deren Integral nach §. 414.

$$u_z = C \cdot 2^z \text{ ist.}$$

Stellt man hernach

$$\varphi(x) = y_z,\ \varphi(2x) = y_{z+1} \text{ auf,}$$

so wird die gegebene Gleichung:

$$y_{z+1} = y^2_z - 2,$$

und läßt sich integriren, wenn man zuerst

$$z = 1,\ y_1 = a + \frac{1}{a}$$

macht, was auf

$$y_2 = a^2 + \frac{1}{a^2},$$

$$y_3 = a^4 + \frac{1}{a^4},$$

$$y_4 = a^8 + \frac{1}{a^8},$$

$$\cdots\cdots\cdots\cdots$$

$$y_z = a^{2^{z-1}} + \frac{1}{a^{2^{z-1}}}$$

führt. Der letzte von diesen Werthen ist das vollständige Integral, weil er eine willkürliche Größe a enthält; und da die Gleichung $C.2^z = x$, $2^{z-1} = \frac{x}{2C}$ giebt, so erhält man

$$y_z = \varphi(x) = a^{\frac{x}{2C}} + a^{\frac{-x}{2C}},$$

welches Resultat auf

$$\varphi(x) = b^x + b^{-x}$$

hinausläuft, wenn man $b = a^{\frac{1}{2C}}$ macht.

Man muß bemerken, daß die Constanten a und C Functionen sind, welche sich nicht ändern, wenn z zu z + 1 (395.) und folglich x zu 2x wird.

§. 422.

Da die Analysten jeden neuen Gesichtspunkt, unter welchem die Größen angesehen werden können, mit den früher bekannten in Verbindung zu bringen pflegen, so betrachten sie auch besonders die Relationen zwischen den Differenzen und den Differential-Coefficienten; und hieraus entsteht die Rechnung mit gemischten Differenzen.

Die Gleichungen

$$\frac{dy}{dx} + a\Delta y + by = o,$$

$$\frac{d\Delta y}{dx} + a\frac{dy}{dx} + b\Delta y + Cy = o,$$

in welchen a, b, c Constanten bezeichnen, und wo $\Delta x = 1$, sind die einfachsten dieser Gattung.

Man genügt beiden, wenn man

$$y = Ce^{mx}$$

aufstellt; die erste geht alsdann in

$$m + a(e^m - 1) + b = o$$

und die zweite in

$$m(e^m - 1) + am + b(e^m - 1) + c = o$$ über.

Die Discussion dieser Transformirten und die Erörterung der Natur und der Ausdehnung der aus ihnen hervorgehenden Integrale fallen außerhalb der Grenzen, welche ich mir vorschreiben mußte; ich wollte bloß den Ort andeuten, wohin diese neuen Untersuchungen gehören. *)

*) Man wird in dem „Traité etc." in 4to. B. III. Cap. 8. mehr Details finden. Ich will bloß bemerken, daß die, zuerst durch Condorcet

Anwendung der Integral-Rechnung auf die Theorie der Reihen.

§. 423.

Da die Integration der Differentiale mit einer einzigen Veränderlichen zu Reihen führte, so schloß man hieraus, daß man eine Reihe durch ein Integral ausdrücken könne; und da man Methoden hat, um wenigstens näherungsweise den Werth eines Integrals zwischen gegebenen Grenzen *) zu berechnen, so hat man gesucht von einer gegebenen Reihe zu dem Integrale zurückzusteigen, wovon sie eine Entwickelung war. Durch diese Betrachtungen hat Euler für die Summation der Reihen und die Bestimmung des allgemeinen Gliedes derselben sehr sinnreiche Methoden geschaffen, wovon hier einige Beispiele folgen mögen.

Es sey zuerst die Reihe

$$\frac{\alpha+\beta}{a+b}x+\frac{2\alpha+\beta}{2a+b}x^2\ldots+\frac{n\alpha+\beta}{na+b}x^n+\text{rc.}$$

gegeben. Multiplicirt man die beiden Seiten der Gleichung

$$s=\frac{\alpha+\beta}{a+b}x+\frac{2\alpha+\beta}{2a+b}x^2\ldots+\frac{n\alpha+\beta}{na+b}x^n$$

mit px^r und geht hierauf zu den Differentialen über, so erhält man:

$$pd(sx^r)=\frac{p(1+r)(\alpha+\beta)x^r dx}{na+b}\ldots\ldots$$
$$+\frac{p(n+r)(n\alpha+\beta)x^{n+r-1}dx}{na+b}.$$

Der Factor $na+b$ wird aus dem Nenner des allgemeinen Gliedes verschwinden und mithin auch aus allen andern, wenn man für ein beliebiges n

$$p(n+r)=na+b$$

---

angedeutete, hierauf von Laplace, Paoli und Poisson bearbeitete, Rechnung mit gemischten Differenzen geometrischen Aufgaben entspricht, welche früher von Euler aufgelöst worden, und daß sich in der neusten Zeit H. Babbage mit diesen Aufgaben und denjenigen, welche im vorhergehenden §. ausgesprochen sind, beschäftigt hat; er betrachtet dieselben als einen neuen Zweig der Analyse begründend, den er die Functionen-Rechnung nennt. (Siehe die philos. trans. Jahre 1815—16—17).

*) Siehe die Note S. 66.

hat; man macht also

$$np = a, \quad rp = b, \text{ weßhalb}$$

$$p = a, \quad p = \frac{b}{a},$$

was die Gleichung

$$\frac{ad(sx^{\frac{b}{a}})}{dx} = (\alpha+\beta)x^{\frac{b}{a}} + (2\alpha+\beta)x^{1+\frac{b}{a}} \dots\dots + (n\alpha+\beta)x^{n-1+\frac{b}{a}}$$

geben wird, deren zweite Seite keine Nenner mehr enthält. Neue der vorigen ähnliche Operationen würden die übrig gebliebenen Factoren zum Verschwinden bringen, wenn der Nenner mehr als einen enthielte.

Multiplicirt man dieselbe Gleichung mit $px^r dx$, und nimmt hierauf das Integral eines jeden Gliedes, so erfolgt:

$$pa\int x^r d(sx^{\frac{b}{a}}) = \frac{pa(\alpha+\beta)}{a+b+ra}x^{1+\frac{b}{a}+r} \dots + \frac{pa(n\alpha+\beta)}{na+b+ra}x^{n+\frac{b}{a}+r};$$

der Factor $n\alpha+\beta$ des Zählers wird verschwinden, wenn man

$$npa\alpha = n\alpha, \quad \beta pa = b + ra$$

macht, woraus hervorgeht:

$$p = \frac{1}{\alpha}, \quad r = \frac{\beta}{\alpha} - \frac{b}{a},$$

$$\frac{a}{\alpha}\int x^{\frac{\beta}{\alpha}-\frac{b}{a}} d(sx^{\frac{b}{a}}) = x^{\frac{\beta}{\alpha}+1} + x^{\frac{\beta}{\alpha}+2} \dots + x^{\frac{\beta}{\alpha}+n}$$

$$= x^{\frac{\beta}{\alpha}+1}\{1 + x + x^2 \dots + x^{n-1}\},$$

und folglich:

$$\frac{a}{\alpha}\int x^{\frac{\beta}{\alpha}-\frac{b}{a}} d(sx^{\frac{b}{a}}) = x^{\frac{\beta}{\alpha}+1}\left(\frac{1-x^n}{1-x}\right).$$

Hieraus zieht man endlich:

$$s = \frac{\alpha\int x^{\frac{b}{a}-\frac{\beta}{\alpha}} d\left[x^{\frac{\beta+\alpha}{\alpha}}\left(\frac{1-x^n}{1-x}\right)\right]}{ax^{\frac{b}{a}}}.$$

§. 424.

In der oben betrachteten Reihe war die Anzahl der Factoren, sowohl beim Zähler als beim Nenner, in jedem Gliede dieselbe.

Allein es giebt eine Classe von Reihen, welche Euler hypergeometrische nennt, in welchen diese Anzahl mit jedem folgenden Gliede zunimmt. Die Reihe

$$s = \frac{\alpha+\beta}{a+b}x + \frac{(\alpha+\beta)(2\alpha+\beta)}{(a+b)(2a+b)}x^2 \dots \dots$$
$$+ \frac{(\alpha+\beta)\dots\dots(n\alpha+\beta)}{(a+b)\dots\dots(na+b)}x^n$$

gehört in diese Classe. Man wird sogleich sehen, wie die Summation derselben auf die Integration einer Differential-Gleichung zurückkommt.

Multiplicirt man die beiden Seiten der obigen Gleichung mit px^r und nimmt ihre Differentiale, so wird man erhalten:

$$\frac{pd(sx^r)}{dx} = \frac{p(1+r)(\alpha+\beta)}{(a+b)}x^r \dots \dots$$
$$+ \frac{p(n+r)(\alpha+\beta)\dots(n\alpha+\beta)}{(a+b)\dots(na+b)}x^{n+r-1}.$$

Man bringt den Factor $na+b$ des Nenners zum Verschwinden, wenn man

$$np + rp = na + b$$

aufstellt, weßhalb

$$np = na, \quad rp = b,$$
$$p = a, \quad r = \frac{b}{a},$$

$$\frac{ad(sx^{\frac{b}{a}})}{dx} = (\alpha+\beta)x^{\frac{b}{a}} + \frac{(\alpha+\beta)(2\alpha+\beta)}{a+b}x^{1+\frac{b}{a}} \dots$$
$$+ \frac{(\alpha+\beta)\dots\dots(n\alpha+\beta)}{(a+b)\dots[(n-1)a+b]}x^{n-1+\frac{b}{a}}.$$

Multiplicirt man dieses Resultat mit px^r und integrirt, so findet man die Gleichung

$$pa\int x^r(sx^{\frac{b}{a}}) = \frac{pa(\alpha+\beta)}{a+b+ra}x^{1+\frac{b}{a}+r} \dots \dots$$
$$+ \frac{pa(\alpha+\beta)\dots\dots(n\alpha+\beta)}{(na+b+ra)(a+b)\dots[(n-1)a+b]}x^{n+\frac{b}{a}+r},$$

und der Factor $n\alpha+\beta$ wird aus dem Zähler verschwinden, wenn

$$npa\alpha + pa\beta = na + b + ra,$$

oder wenn

$$p = \frac{1}{\alpha}, \quad r = \frac{\beta}{\alpha} - \frac{b}{a}.$$

Sondert man hierauf auf der zweiten Seite den gemeinsamen Factor $x^{\frac{\beta}{\alpha}+1}$ ab, so erfolgt:

$$\frac{a}{\alpha}\int x^{\frac{\beta}{\alpha}-\frac{b}{a}} d(sx^{\frac{b}{a}}) = x^{\frac{\beta}{\alpha}+1}\left\{1+\frac{(\alpha+\beta)x}{a+b}\ldots\ldots \right.$$

$$\left. + \frac{(\alpha+\beta)\ldots[(n-1)\alpha+\beta]x^{n-1}}{(a+b)\ldots\ldots[(n-1)a+b]}\right\}.$$

Die zwischen den Klammern der zweiten Seite dieses Resultats enthaltene Reihe ist nichts Anders, als die von ihrem letzten Gliede beraubte gegebene, welcher man die Einheit hinzugefügt hat. Man schließt demnach aus dem Vorhergehenden:

$$\frac{a}{\alpha}\int x^{\frac{\beta}{\alpha}-\frac{b}{a}} d(sx^{\frac{b}{a}}) = x^{\frac{\beta}{\alpha}+1}\left\{1+s \right.$$

$$\left. - \frac{(\alpha+\beta)\ldots(n\alpha+\beta)}{(\alpha+b)\ldots(na+b)}x^n\right\}.$$

Differentiirt man diese Gleichung, so befreit man sie von der auf der ersten Seite angedeuteten Integration, und man erhält die Gleichung, von welcher die gesuchte Summe abhangt.

Dieses Beispiel zeigt, wie man bei verwickelteren Fällen aus der Classe der Reihen, wozu es gehört, verfahren würde, wofern man bemerkt, daß jede Differentiation das Mittel, einen Factor des Nenners, und jede Integration dasjenige darbietet, einen Factor des Zählers zum Verschwinden zu bringen.

§. 425.

Sieht man vom letzten Gliede ab, so erhält man, statt der besondern Summe, die Grenze der in's Unendliche ausgedehnten Reihe oder die erzeugende Function dieser Reihe; denn es leuchtet ein, daß die obigen Verfahrungsweisen die inversen derjenigen sind, durch welche man die Reihen bestimmt, die gegebenen Differential-Gleichungen genügen.

Wünscht man z. B. die Grenze der Reihe

$$s = 1x - 1.2x^2 + 1.2.3x^3 - \text{ꝛc.}$$

zu kennen, so kann man zu dieser Bestimmung die erste Transformation des vorhergehenden §. anwenden, wenn

$$\alpha = 1,\ \beta = 0,\ a = 0,\ b = 1$$

macht; allein man gelangt unmittelbar hierzu, wenn man die beiden Seiten der obigen Gleichung mit x multiplicirt und dieselben hierauf differentiirt. Auf diese Weise erhält man:

$$sx = 1x^2 - 1.2x^3 + 1.2.3x^4 - \text{ꝛc.}$$

$$\frac{d(sx)}{dx} = 1.2x - 1.2.3x^2 + 1.2.3.4x^3 - \text{rc.};$$

und multiplicirt man diese letzte Gleichung mit x, so wird sie:

$$x\frac{d(sx)}{dx} = 1.2x^2 - 1.2.3x + 1.2.3.4x^4 - \text{rc.},$$

deren zweite Seite offenbar $x - s$ gleich ist: man wird also erhalten:

$$x - s = \frac{xd(sx)}{dx},$$

oder

$$ds + \frac{s(x+1)}{x^2}dx = \frac{dx}{x}.$$

Das Intergral hiervon ist:

$$s = \frac{e^{\frac{1}{x}}}{x}\int e^{-\frac{1}{x}}dx \text{ (285).}$$

Damit der obige Ausdruck der gegebenen Reihe entspricht, muß das Integral verschwinden, wenn $x = o$; und nimmt man dasselbe bis $x = 1$, so erhält man die Größe, welche der divergirenden Reihe

$$1 - 1.2 + 1.2.3 - 1.2.3.4 + \text{rc.}$$

entspricht.

§. 426.

Die bestimmten Integrale bieten auch ein Mittel dar, Theile der Reihe

$$u + \frac{du}{dx}\frac{h}{1} + \frac{d^2u}{dx^2}\frac{h^2}{1.2} + \text{rc.},$$

von einem beliebigen Gliede an, darzustellen. D'Alembert gelangt hierzu auf folgende Weise, wodurch er zugleich den Taylorschen Lehrsatz beweist. (Siehe seine Untersuchungen über verschiedene wichtige Punkte des Welt-Systems T. I. S. 50.).

Es sey u' dasjenige, wozu die Function u wird, wenn in ihr x in $x+h$ verwandelt wird. Setzt man

$$u' = u + P$$

und differentiirt in Bezug auf h, welches nicht in u vorkommt, so erfolgt

$$\frac{du'}{dh} = \frac{dP}{dh}, \text{ weßhalb}$$

$$P = \int\frac{du'}{dh}dh,$$

$$u' = u + \int \frac{du'}{dh} dh.$$

Es sey

$$\frac{du'}{dh} = \frac{du}{dx} + Q;$$

differentiirt man wiederum in Bezug auf h, so erhält man:

$$\frac{d^2u'}{dh^2} = \frac{dQ}{dh}, \text{ weßhalb}$$

$$Q = \int \frac{d^2u'}{dh^2} dh,$$

$$\frac{du'}{dh} = \frac{du}{dx} + \int \frac{d^2u'}{dh^2} dh,$$

$$\int \frac{du'}{dh} dh = \frac{du}{dx} h + \int\int \frac{d^2u'}{dh^2} dh^2$$

$$u' = u + \frac{du}{dx}\frac{h}{1} + \int\int \frac{d^2u'}{dh^2} dh^2.$$

Macht man noch

$$\frac{d^2u'}{dh^2} = \frac{d^2u}{dx^2} + R,$$

so findet man:

$$\frac{d^3u'}{dh^3} = \frac{dR}{dh}, \text{ weßhalb}$$

$$R = \int \frac{d^3u'}{dh^3} dh,$$

$$\frac{d^2u'}{dh^2} = \frac{d^2u}{dx^2} + \int \frac{d^3u'}{dh^3} dh$$

$$u' = u + \frac{du}{dx}\frac{h}{1} + \frac{d^2u}{dx^2}\frac{h^2}{1.2} + \int\int\int \frac{d^3u'}{dh^3} dh^3.$$

Setzt man auf diese Weise fort, so gelangt man zu:

$$u' = u + \frac{du}{dx}\frac{h}{1} + \frac{d^2u}{dx^2}\frac{h^2}{1.2} + \ldots\ldots$$

$$+ \frac{d^{n-1}u}{dx^{n-1}} \frac{h^{n-1}}{1.2\ldots.(n-1)} + \int^n \frac{d^nu'}{dh^n} dh^n,$$

da die Integrale so genommen sind, daß sie verschwinden, wenn $h = o$, weil u' wieder u wird.

§. 427.

Es sey zur Abkürzung $\frac{d^nu'}{dh^n} = \Pi$, so erhält man, nach §. 242.,

$$\int^n H dh^n = \frac{1}{1.2\ldots(n-1)}\left\{h^{n-1}\int H dh - \frac{(n-1)h^{n-2}}{1}\int H h dh + \frac{(n-1)(n-2)h^{n-3}}{1.2}\int H h^2 dh - \text{etc.}\right\};$$

und es ist leicht zu sehen, daß man für die letztere Reihe den Ausdruck

$$\frac{1}{1.2\ldots(n-1)}\int H(t-h)^{n-1} dh,$$

von $h=0$ an genommen, substituiren kann, wofern man nach der Integration t in h verwandelt; denn entwickelt man diesen Ausdruck, schafft die Potenzen von t, welche die verschiedenen Glieder multipliciren, unter dem Zeichen $\int$ weg, und macht hierauf $t=h$, so verfällt man wieder auf die obige Reihe.

Es folgt demnach, daß

$$u' = u + \frac{du}{dx}\frac{h}{1} + \frac{d^2u}{dx^2}\frac{h^2}{1.2}\ldots\ldots\ldots\ldots + \frac{d^{n-1}u}{dx^{n-1}}\frac{h^{n-1}}{1.2\ldots(n-1)} + \frac{1}{1.2..(n-1)}\int\frac{d^nu'}{dh^n}(t-h)^{n-1}dh,$$

wofern man das Integral so nimmt, daß es verschwindet, wenn $h=0$, und hierauf t in h verwandelt.

Man kann in dieser Formel $\frac{d^nu'}{dh^n}$ durch $\frac{d^nu'}{dx^n}$ ersetzen (89.); und wenn man unter dem Integralzeichen

$$t-h=zt, \text{ oder}$$
$$h=(t-1)z$$

macht, so erhält man

$$dh = -tdz,$$

$$\int\frac{d^nu'}{dx^n}(t-h)^{n-1}dh = -\int\frac{d^nu'}{dx^n}t^nz^{n-1}dz.$$

Die Grenzen des Integrals werden alsdann $z=1$, $z=0$ seyn; man wird dasselbe positiv machen, wenn man die Ordnnng der Grenzen umkehrt, d. h. wenn man es von $z=0$ bis $z=1$ nimmt: schafft man t^n unter dem Zeichen $\int$ weg und schreibt man h anstatt t, so wird das letzte Glied der obigen Formel

$$\frac{h^n}{1.2\ldots(n-1)}\int\frac{d^nu'}{dx^n}z^{n-1}dz$$

Diesen letzten Lehrsatz hat Lagrange, allein auf eine andere Weise, in der „theorie des fonctions analytiques“ 2te Auflage §. 35. u. f. bewiesen.

Er bedient sich dessen, um zu beweisen, daß man die Summe aller Glieder der Taylorschen Reihe, von einem gegebenen Gliede an, kleiner als das vorhergehende Glied machen könne. Es seyen M und m der größte und kleinste der Werthe, welche $\frac{d^n u'}{dx^n}$ in dem Zwischenraume von x bis $x+h$ annimmt; man hat alsdann

$$\int \frac{d^n u'}{dx^n} z^{n-1} dz < M \int z^{n-1} dz \text{ und } > m \int z^{n-1} dz,$$

wenn der Differential-Coefficient $\frac{d^n u'}{dx^n}$ in diesem Zwischenraume sein Zeichen nicht ändert oder nicht unendlich groß wird (234). Zwischen den gegebenen Grenzen sind die beiden letzten Integrale $\frac{M}{n}$ und $\frac{m}{n}$; und nimmt man h von einer passenden Kleinheit, so wird man die Größe $\frac{h^n}{1.2\ldots n} M$, in Vergleich mit der Größe $\frac{h^{n-1}}{1.2\ldots(n-1)} \frac{d^{n-1}u}{dx^{n-1}}$, so klein machen können, als man will.

§. 428.

Auf diese Weise dienen die bestimmten Integrale dazu, Größen zu berechnen, die auf anderm Wege schwer zu erhalten seyn möchten; sie nehmen oft merkwürdige Werthe an.

Man findet beim ersten Anblick der im §. 197. behandelten besondern Fälle des Integrals $\int \frac{x^{m-1}dx}{\sqrt{1-x^2}}$, daß jene Ausdrücke sich auf ein einziges Glied reduciren, wenn man sie zwischen den Grenzen $x=0$ und $x=1$ nimmt; und wenn der Bogen A dem Quadranten gleich wird, so hat man die beiden Reihen:

$$\int \frac{dx}{\sqrt{1-x^2}} = \frac{\pi}{2}, \qquad \int \frac{x\,dx}{\sqrt{1-x^2}} = 1,$$

$$\int \frac{x^2 dx}{\sqrt{1-x^2}} = \frac{1.\pi}{2.2}, \qquad \int \frac{x^3 dx}{\sqrt{1-x^2}} = \frac{2}{3},$$

$$\int \frac{x^4 dx}{\sqrt{1-x^2}} = \frac{1.3\pi}{2.4.2} \qquad \int \frac{x^5 dx}{\sqrt{1-x^2}} = \frac{2.4}{3.5}$$

$$\int \frac{x^6 dx}{\sqrt{1-x^2}} = \frac{1.3.5\pi}{2.4.6.2} \qquad \int \frac{x^7 dx}{\sqrt{1-x^2}} = \frac{2.4.6}{3.5.7}$$

$$\int \frac{x^8 dx}{\sqrt{1-x^2}} = \frac{1.3.5.7\pi}{3.4.6.8.2} \qquad \int \frac{x^9 dx}{\sqrt{1-x^2}} = \frac{2.4.6.8}{2.5.7.9}$$

2c.,

aus welchen man allgemein schließt:

$$\int \frac{x^{2r}dx}{\sqrt{1-x^2}} = \frac{1.3.5 \ldots\ldots (2r-1)\pi}{2.4.6 \ldots\ldots\ldots 2r\,2},$$

$$\int \frac{x^{2r+1}dx}{\sqrt{1-x^2}} = \frac{2.4.6 \ldots\ldots\ldots 2r}{3.5.7 \ldots\ldots (2r+1)}.$$

Das Product dieser Resultate giebt zuerst

$$\left(\int \frac{x^{2r}dx}{\sqrt{1-x^2}}\right)\left(\int \frac{x^{2r+1}dx}{\sqrt{1-x^2}}\right) = \frac{1}{2r+1}\frac{\pi}{2}.$$

Dividirt man hingegen das zweite durch das erste, so findet man

$$\frac{\int \frac{x^{2r+1}dx}{\sqrt{1-x^2}}}{\int \frac{x^{2r}dx}{\sqrt{1-x^2}}} = \frac{2}{\pi}\,\frac{2.2.4.4 \ldots\ldots\ldots 2r.2r}{1.3.3.5.5..(2r-1)(2r-1)(2r+1)}.$$

Um zu wissen, wozu die erste Seite dieser Gleichung wird, wenn man die Anzahl der Factoren der zweiten bis in's Unendliche ausdehnt, oder wenn man r unendlich groß annimmt, so mache man

$x^{2r} = z$; die Grenzen von z sind dieselben, wie diejenigen von x, allein man hat:

$$x = z^{\frac{1}{2r}},\ dx = \frac{1}{2r} z^{\frac{1}{2r}-1} dz,$$

$$\int \frac{x^{2r+1}dx}{\sqrt{1-x^2}} = \frac{1}{2r}\int \frac{z^{\frac{2}{2r}}dz}{\sqrt{1-z^{\frac{1}{r}}}},$$

$$\int \frac{x^{2r}dx}{\sqrt{1-x^2}} = \frac{1}{2r}\int \frac{z^{\frac{1}{2r}}dz}{\sqrt{1-z^{\frac{1}{2}}}},$$

Da das Verhältniß der Differentiale $z^{\frac{1}{2r}}$ ist, so nähert es sich desto mehr der z^0 oder 1, jemehr die Zahl r zunimmt, und geht man zur Grenze über, so kann man jenes Verhältniß der Einheit gleich annehmen. Es verhält sich also auch eben so mit den Integralen, weil sie zugleich anheben und aufhören: man schließt hieraus also:

$$1=\frac{2}{\pi}\cdot\frac{2.2.4.4.6.6.8.8.10.10 \text{ic.}}{1.3.3.5.5.7.7.9.9.11 \text{ic.}}, \text{ und}$$

mithin:

$$\frac{\pi}{2}=\frac{2.2.4.4.6.6.8.8.10.10.12.\text{ic.}}{1.3.3.5.5.7.7.9.9.11.11.\text{ic.}}.$$

Diesen bemerkenswerthen Ausdruck für den Kreisquadranten verdankt man Wallis.

§. 429.

Eine Umwandlung der Gleichung

$$\left(\int\frac{x^{2r}dx}{\sqrt{1-x^2}}\right)\left(\int\frac{x^{2r+1}dx}{\sqrt{1+x^2}}\right)=\frac{1}{2r+1}\,\frac{\pi}{2}$$

führt zu dem Werthe des zwischen den Grenzen $t=o$, $t=\infty$ genommenen Integrals

$$\int e^{-t^2}dt,$$

welches bei mehren sehr merkwürdigen Untersuchungen vorkommt.

Macht man

$$x=e^{-qt^2},$$

so geht die obige Gleichung in

$$4q^2\left\{\int\frac{tdte^{-qt^2}.e^{-2qrt^2}}{\sqrt{1-e^{-2qt^2}}}\right\}\left\{\int\frac{tdte^{-qt^2}.e^{-q(2r+1)t^2}}{\sqrt{1-e^{-2qt^2}}}\right\}=$$

$$=\frac{1}{2r+1}\,\frac{\pi}{2} \text{ über;}$$

setzt man hierauf

$$q(2r+1)=1,$$

und führt den Werth von $2r+1$ in die zweite Seite ein, so werden beide durch q theilbar; dividirt man hierauf unter den Wurzelzeichen durch $2q$, so erhält man:

$$2\left\{\int\frac{t.dt.e^{-t^2}}{\sqrt{\frac{1-e^{-2qt^2}}{2q}}}\right\}\left\{\int\frac{tdt.e^{-t^2(1+q)}}{\sqrt{\frac{1-e^{-2qt^2}}{2q}}}\right\}=\frac{\pi}{2};$$

und da die Grenze von $\frac{1-e^{-2qt^2}}{2q}$, für $q=o$, t^2 ist, so reducirt sich die vorhergehende Gleichung alsdann auf

$$2\left\{\int e^{-t^2}dt\right\}^2=\frac{\pi}{2}, \text{ weßhalb}$$

$$\int e^{-t^2} dt = \pm \frac{1}{2}\sqrt{\pi}.$$

Allein t ist unendlich groß, wenn $x=0$, und 0, wenn $x=1$; die Grenzen des letzten Integrals sind demnach ∞ und 0; und da die Function e^{-t^2} immer positiv ist, so folgt, daß das obere Zeichen den Grenzen 0 und $+\infty$ entspricht, und daß das Integral verdoppelt wird, wenn es von $-\infty$ bis $+\infty$ zu nehmen ist: sein Werth ist demnach alsdann $\sqrt{\pi}$.

§. 430.

Laplace, welcher noch den Ausdruck

$$\int e^{-t^{m+1}} t^n dt$$

betrachtet, bringt diesen unter die Form

$$\int t^{n-m} e^{-t^{m+1}} t^m dt,$$

um ihn durch Theile zu integriren, wodurch erhalten wird:

$$\int e^{-t^{m+1}} t^n dt = -\frac{1}{m+1}\left\{e^{-t^{m+1}} t^{n-m} - (n-m)\int e^{-t^{m+1}} t^{n-m-1} d\right.$$

So lange der Exponent $n-m$ positiv ist, verschwindet der von $\int$ befreite Theil zwischen den Grenzen $t=0$ und $t=\infty$ (99.), und es bleibt übrig:

$$\int e^{-t^{m+1}} t^n dt = \frac{n-m}{m+1}\int e^{-t^{m+1}} t^{n-m-1} dt,$$

wofern das zweite Integral zwischen denselben Grenzen genommen wird, wie das erste.

Macht man $m=1$, so erhält man

$$\int e^{-t^2} t^n dt = \frac{n-1}{2}\int e^{-t^2} t^{n-2} dt,$$

und wenn man diese Reduction wiederholt, so erhält man:

$$\int e^{-t^2} t^n dt = \frac{(n-1)(n-3)\ldots(n-2r+1)}{2^r}\int e^{-t^2} t^{n-2r} dt,$$

welches Resultat durch seinen Coefficienten verschwindet, wenn $n=2r-1$, und welches, für $n=2r$,

$$\int e^{-t^2} t^{2r} dt = \frac{(2r-1)(2r-3)\ldots 1}{2^r}\cdot\frac{1}{2}\sqrt{\pi}$$

giebt.

Es ist übrigens dienlich zu bemerken, daß man, wenn $e^{-t^{m+1}} = x$ angenommen wird,

$$\int e^{-t^{m+1}}t^n dt = -\frac{1}{m+1}\int dx\left(l\frac{1}{x}\right)^{\frac{n-m}{m+1}}$$

hat; die Grenzen von x sind alsdann 1 und o, und wenn man deren Ordnung umkehrt, so muß man das Zeichen — weglassen.

Nimmt man m = 1, n = o an, so erhält man:,

$$\int e^{-t^2}dt = \frac{1}{2}\int dx\left(l\frac{1}{x}\right)^{-\frac{1}{2}} = \frac{1}{2}\sqrt{\pi}.$$

§. 431.

Ich will noch einige andere Integrale berechnen, welche merkwürdige Folgerungen darbieten. Den Anfang will ich mit

$$\int e^{-a^2x^2}dx\cos rx$$

zwischen den Grenzen x = o und x = ∞ machen, welches Laplace auf einem bemerkenswerthen Wege berechnete.

Macht man

$$\int e^{-a^2x^2}dx\cos rx = y$$

und differentiirt in Bezug auf r (281.), so zieht man hieraus:

$$\frac{dy}{dr} = -\int e^{-a^2x^2}xdx\sin rx;$$

integrirt man hierauf durch Theile, mit Rücksicht auf den Factor $e^{-a^2x^2}xdx$, so findet man

$$\frac{dy}{dr} = \frac{e^{-a^2x^2}}{2a^2}\sin rx - \frac{r}{2a^2}\int e^{-a^2x^2}dx\cos rx,$$

welches auf

$$\frac{dy}{dr} = -\frac{r}{2a^2}y, \text{ oder } \frac{dy}{dr} + \frac{r}{2a^2}y = o$$

hinausläuft, wenn man in dem von $\int$ befreiten Theile x unendlich groß annimmt.

Die Integration der obigen Gleichung, mit den beiden Veränderlichen y und r, giebt, nach §. 285.,

$$y = Ce^{\frac{-r^2}{4a^2}},$$

wo C eine willkürliche Constante bezeichnet, welche man durch den Werth von y für r = o bestimmt, d. i. durch

$$\int e^{-a^2x^2}dx = \frac{\sqrt{\pi}}{2a} \quad (120).$$

Hierdurch findet man:

$$\int e^{-a^2x^2} dx \cos rx = \frac{e^{-\frac{r^2}{4a^2}} \sqrt{\pi}}{2a}.$$

Hier zeigt sich ein neuer analytischer Kunstgriff, welcher darin besteht, zwischen den Integralen und einigen der Constanten, welche dieselben enthalten, Differential-Gleichungen zu bilden, die man integriren kann. Dieses Verfahren und sehr mannichfaltige und sinnreiche Umwandlungen haben in den Untersuchungen von Laplace, Legendre, Poisson, Georg Bidone und Cauchy die Ermittlungen von bestimmten Integralen bedeutend vermehrt, wovon Euler schon schöne und zahlreiche Beispiele geliefert hatte. Allein es bleibt noch eine gleichförmige Methode zu wünschen übrig, welche alle diese Untersuchungen in ein einziges Ganzes vereinige. An diesem Fortschritte scheint derjenige mehrer wichtigen Zweige der mathematischen Physik zu haften.

§. 432.

Macht man in

$$\int e^{-a^2x^2} dx \cos rx$$

und in dessen Werthe, $a = o$, indem man bemerkt, daß

$$\frac{e^{-\frac{r^2}{4a^2}} \sqrt{\pi}}{2a} = \frac{\sqrt{\pi}}{e^{\frac{r^2}{4a^2}} 2a},$$

und daß die Grenze von $e^{\frac{r^2}{4a^2}} 2a$ als dann das unendlich Große ist (99.), so erhält man:

$$\int dx \cos rx = o,$$

zwischen den Grenzen $x = o$ und $x = \infty$, welches Resultat man schwerlich vorhergesehen haben möchte. Man hat nämlich im Allgemeinen

$$\int dx \cos rx = \frac{1}{r} \sin rx + \text{const. } (217.);$$

bei der ersten Grenze, wo $x = o$, ist die Function $\sin rx$ offenbar Null; allein was wird dieselbe, wenn man den Bogen x unendlich groß annimmt; muß man diesen alsdann ansehen, als sey er einer ganzen Anzahl von Kreis-Umfängen g e n a u gleich? Dieses sieht man nicht ein. Alles was man behaupten kann, muß bloß dieses besagen, daß kein angebbarer Bogen, wie groß er seyn mag, die Stelle von x einnehmen könne: $\sin rx$ ist also in diesem Falle eine unbestimmte Größe. Es verhält sich nicht eben so mit dem Werthe von $\int e^{-a^2x^2}dx \cos rx$, wegen des Factors $e^{-a^2x^2}$, welcher stets abnimmt, je mehr x zunimmt; und weil dieses Integral, vermöge des Gesetzes der Stetigkeit, $\int dx \cos rx$ zur Grenze hat, so wird der Werth hiervon die Grenze desjenigen des ersten seyn.

Man kennt noch andere Mittel, das vorhergehende Resultat zu bewähren, wozu Euler dadurch gelangte, daß er das Integral $\int e^{-kx}dx \cos rx$ für ein beliebiges constantes k in Untersuchung nahm.

Integrirt man durch Theile, indem man bei dem Factor $dx \cos rx$ anhebt, so erhält man:

$$\int e^{-kx}dx \cos rx = \frac{1}{r} e^{-kx} \sin rx + \frac{k}{r}\int e^{-kx}dx \sin rx,$$

und hierauf, wenn man mit $dx \sin rx$ operirt,

$$\int e^{-kx}dx \sin rx = -\frac{1}{r} e^{-kx} \cos rx - \frac{k}{r}\int e^{-kx}dx \cos rx,$$

wodurch man

$$\left(1+\frac{k^2}{r^2}\right)\int e^{-kx}dx \cos rx = \frac{1}{r} e^{-kx} \sin rx - \frac{k}{r^2} e^{-kx} \cos rx$$

und mithin

$$\int e^{-kx}dx \cos rx = \frac{e^{-kx}(r \sin rx - k \cos rx)}{r^2+k^2}$$

erhält. Zwischen den Grenzen $x=0$ und $x=\infty$ reducirt sich der erhaltene Ausdruck auf $\frac{k}{r^2+k^2}$, welche Größe Null wird, wenn beim Verschwinden von k das gegebene Integral in $\int dx \cos rx$ übergeht.

Nehmen wir die Gleichung

$$\int e^{-kx} dx \sin rx = -\frac{1}{r} e^{-kx}dx \cos rx - \frac{k}{r}\int e^{-kx} dx \cos rx$$

wieder auf und setzen für das Integral in der zweiten Seite dessen schon gefundenen Werth, so erfolgt:

$$\int e^{-kx}dx \sin rx = -\frac{e^{-kx}(r \cos rx + k \sin rx)}{r^2+k^2},$$

welcher Werth sich auf $\frac{r}{r^2+k^2}$ reducirt, wenn man ihn zwischen den Grenzen $x=0$ und $x=\infty$ nimmt.

Hier giebt die Annahme von $k=0$

$$\int dx \sin rx = \frac{1}{r},$$

ein neues merkwürdiges Resultat, welches nicht unmittelbar aus dem Ausdrucke

$$\int dx \sin rx = -\frac{1}{r}\cos rx + \text{const.}$$

zu folgen scheint.

§. 433.

Die Verwandlung der reellen Größen in imaginäre ist ein analytischer Kunstgriff, welcher mehre merkwürdigen bestimmten Integrale finden lehrte. Wir wollen hier ein Beyspiel von Fourier entlehnen. *)

Wenn man in dem Integrale

$$\int e^{-t^2} dt = \sqrt{\pi} \text{ (429.)},$$

$$t = \frac{x(1+\sqrt{-1})}{\sqrt{2}}$$

macht, so zieht man daraus

$$\frac{1+\sqrt{-1}}{\sqrt{2}}\int e^{-x^2\sqrt{-1}} dx = \sqrt{\pi};$$

und da

$$e^{-x^2\sqrt{-1}} = \cos(x^2) - \sqrt{-1}\sin(x^2) \text{ (187.)},$$

so erhält man hierauf

$$\frac{1+\sqrt{-1}}{\sqrt{2}}\left\{\int dx \cos(x^2) - \sqrt{-1}\int dx \sin(x^2)\right\} = \sqrt{\pi}.$$

Sondert man die reellen und imaginären Theile aus dieser Gleichung von einander ab, so erfolgen daraus diese beiden andern:

$$\frac{1}{\sqrt{2}}\left\{\int dx \cos(x^2) + \int dx \sin(x^2)\right\} = \sqrt{\pi}$$

$$\int dx \cos(x^2) - \int dx \sin(x^2) = 0$$

weßhalb

$$\int dx \cos(x^2) = \int dx \sin(x^2) = \tfrac{1}{2}\sqrt{2\pi} = \sqrt{\tfrac{1}{2}\pi},$$

wenn die Grenzen von x Null und Unendlichgroß sind, wie diejenigen von t.

Es muß bemerkt werden, daß man sich dieses Kunstgriffes besonders zum Auffinden von Resultaten bediente, die man zu bestätigen suchte. Die angeführten waren ohnehin schon bekannt.

---

*) „Théorie de la Chaleur“ S. 532.

§. 434.

Die Stetigkeit, welche zwischen den verschiedenen Werthen eines Integrals, mit Bezugnahme auf die den Größen wovon dasselbe abhangt zugetheilten, herrscht, veranlaßte eine Anwendung der bestimmten Integrale auf die Interpolation der Reihen (388).

Macht man in der Entwickelung von

$$\int x^m dx (lx)^n \quad (208.)$$

$m = o$, und nimmt dieses Integral zwischen den Grenzen $x = o$ und $x = 1$, für welche der vom Zeichen $\int$ befreite Theil, welcher aus Gliedern von der Form $x(lx)^r$ besteht, verschwindet, weil r positiv ist wie n (99): so bleibt bloß das letzte Glied übrig, und man erhält:

$$\int dx (lx)^n = \pm 1 . 2 . 3 \ldots\ldots n,$$

$+$ wenn n gerade ist und $-$ in dem entgegengesetzten Falle. Man vermeidet diese Unterscheidung, wenn man lx mit dem Zeichen $-$ versieht, was die obige Gleichung in

$$\int dx (-lx)^n = \int dx \left(l\frac{1}{x}\right)^n = 1 . 2 . 3 \ldots n$$

verwandelt, welches Resultat sogleich erhalten wird, wenn man bemerkt, daß

$$\int dx \left(l\frac{1}{x}\right)^n = x\left(l\frac{1}{x}\right)^n + n\int dx \left(l\frac{1}{x}\right)^{n-1},$$

und daß man zwischen den Grenzen $x = o$, $x = 1$, bloß

$$\int dx \left(l\frac{1}{x}\right)^n = n\int dx \left(l\frac{1}{x}\right)^{n-1}$$

hat. Man kann also das Integral $\int dx \left(l\frac{1}{x}\right)^n$ betrachten, als drücke es das allgemeine Glied der Reihe der Produkte

1, 1, 1 . 2, 1.2.3, ... 1.2.3 . . . . n, ꝛc.

aus, welche den Stellenzeigern

0, 1, 2, 3 . . . . n, ꝛc.

entsprechen; und wirklich hat es alle bekannten Eigenschaften desselben für ganze Werthe von n. *) Giebt man also diesem

---

*) Um einzusehen, wie das erste Glied der oberen Reihe dem Null in der unteren entspricht, muß man, in $\int dx \left(l\frac{1}{x}\right)^n$, $n = o$ machen, wodurch jenes alsdann $\int dx = x = 1$, in den vorgeschriebenen Grenzen, wird.

Exponenten gebrochene oder gar irrationale Werthe, so führt man in die Reihe Mittelglieder ein, welche demselben Gesetze unterworfen sind, wie die andern.

Vandermonde und Kramp hatten vor langer Zeit vorgeschlagen, die Function, welche das allgemeine Glied der obigen Reihe vorstellt, als eine neue Art von transcendenten Größen, welche mit Eigenschaften versehen sind, die wegen ihrer Analogie mit denjenigen der Potenzen merkwürdig sind, in die Analyse einzuführen; seitdem hat Legendre, der an ihrem Ausdrucke in bestimmten Integralen festhielt, viele sehr nützliche Relationen aus ihnen abgeleitet, sehr ausgedehnte numerische Tafeln für sie berechnet, und sie durch das Zeichen Γ bezeichnet, indem er als Definition aufstellte:

$$\Gamma(n+1) = n\Gamma(n),$$

so daß

$$\Gamma(n) = \int_0^1 dx \left(l \frac{1}{x}\right)^n. \text{ *)}$$

§. 435.

Der im §. 428. gefundene Ausdruck von $\frac{\pi}{2}$ kommt in einer von Stirling gelieferten Formel vor, um die Summe einer Reihe von Logarithmen zu finden, welche Zahlen angehören, die eine arithmetische Progression bilden, wozu man auf folgende Art gelangt:

Nach dem §. 408. hat man

$$Slx = \Sigma lx + lx;$$

setzt man in dieser Gleichung für Σlx dasjenige, wozu der Ausdruck von Σu in §. 405. wird, wenn man $u = lx$ und $h = 1$ macht, und bemerkt, daß

$$\int x dx = xlx - x \text{ (208.)},$$

so erhält man:

$$Slx = xlx - x + \tfrac{1}{2} lx$$
$$+ \frac{1}{12x} - \frac{1}{360x^3} + \text{rc.} + \text{const.}$$

Man kann die Constante durch die Annahme $x = 1$ nicht bestimmen; weil die Reihe der numerischen Coefficienten zuletzt divergent wird: man nimmt seine Zuflucht zu dem Ausdruck von π in §. 428. Geht man zu den Logarithmen über und überschreitet nicht die gerade Zahl $2x$ in dem Zähler, so findet man:

---

*) Siehe das „Traité etc." in 4to. Band III. S. 411. 481.

$$l\pi - l2 = \begin{cases} 2l2 + 2l4 + 2l6 + 2l8 + 2l10 \ldots + 2l(2x-2) + l2x \\ -l1 - 2l3 - 2l5 - 2l7 - 2l9 \ \ldots - 2l(2x-3) - 2l(2x-1); \end{cases}$$

und nimmt man die Grenzen für $x = \infty$, so folgt, vermittelst des vorigen Ausdrucks von Slx,

$$l1 + l2 + l3 + l4 \ \ldots \ + l\ x = \text{const.} + (\ x + \tfrac{1}{2})l\ x - \ x,$$

$$l1 + l2 + l3 + l4 \ \ldots \ + l2x = \text{const.} + (2x + \tfrac{1}{2})l2x - 2x,$$

$$l2 + l4 + l6 \ldots + l2x. = \int lx + xl2 = \text{const.} + (\ x + \tfrac{1}{2})lx + xl2 - x.$$

Zieht man die dritte Reihe von der zweiten ab, so ergiebt sich:

$$l1 + l3 + l5 + l7 \ldots + l(2x-1) = xlx + (x + \tfrac{1}{2})l2 - x,$$

woraus man schließt:

$$\left.\begin{matrix} 2l2 + 2l4 + 2l6 \ldots + 2l(2x-2) + l2x \\ -2l1 - 2l3 - 2l5 \ldots - 2l(2x-3) - 2l(2x-1) \end{matrix}\right\}$$

$$= \begin{cases} 2\,\text{const.} + 2(x + \tfrac{1}{2})lx + 2x\,l2 - 2x - l2x \\ -2xlx - 2(x + \tfrac{1}{2})l2 + 2x; \end{cases}$$

und da die erste Seite dieser Gleichnng $l\pi - l2$ gleich ist; so erhält man, nach der Reduction der zweiten,

$$l\pi - l2 = 2\,\text{const.} - 2l2,$$

weßhalb

$$\text{const.} = \tfrac{1}{2}(l\pi + l2) = \tfrac{1}{2}l2\pi = l\sqrt{2\pi},$$

ein merkwürdiges Resultat, in Folge dessen man

$$Slx = \tfrac{1}{2}l2\pi + xlx - x + \tfrac{1}{2}lx + \frac{1}{12x} - \frac{1}{360x^3} + \text{etc.}$$

hat. Man kann diese Gleichung einem beliebigen Logarithmen-Systeme aneignen, wenn man die Glieder, in denen kein Logarithmus vorkommt, mit dem Modulus jenes Systems multiplicirt. *)

---

*) Geht man von den Logarithmen zu den Zahlen über, so giebt unsere Gleichung:

$$1.2.3 \ldots\ldots x = \sqrt{2\pi}.x^{x+\frac{1}{2}}e^{-x}.e^z,$$

wenn man, der Abkürzung wegen, die Reihe

$$\frac{1}{12x} - \frac{1}{360x^3} + \text{etc.}$$

durch z bezeichnet; und da

$$e^z = 1 + \frac{z}{1} + \frac{z^2}{1.2} + \frac{z^3}{1.2.3} + \text{etc.}\ (27.)$$

so findet man, wenn man die Potenzen von z nach denjenigen von x entwickelt,

$$e^z = 1 + \frac{1}{12x} + \frac{1}{288x^2} - \frac{139}{51840x^3} + \text{etc.},$$

Um eine Anwendung hievon zu machen, will ich die Eulersche Berechnung der Summe der Logarithmen der 1000 ersten Zahlen in den Tafeln, d. h. des Werthes von

$$x l 1 + l 2 + l 3 \; . \; . \; . + l 1000,$$

hier aufnehmen. Da das Kennzeichen l hier gewöhnliche Logarithmen bezeichnet, so mag der Modulus, der Kürze wegen, durch **M** vorgestellt werden; und macht man $x = 1000$, so findet man:

$$\begin{array}{rcr} x l x & = & 3000{,}0000000000000 \\ + \frac{1}{2} l x & = & 1{,}5000000000000 \\ + \frac{1}{2} l 2 \pi & = & 0{,}3990899341790 \\ - \; M x & = - & 434{,}2944819032518 \\ + \; \dfrac{M}{12 x} & = + & 0{,}0000361912068 \\ - \dfrac{M}{360 x^3} & = - & 0{,}0000000000012 \\ \hline \end{array}$$

Resultat 2567,6046442221328;

allein nach der Bezeichnung in §. 414. ist:

$$l 1 + l 2 + l 3 \ldots + l 1000 = l 1 . 2 . 3 \ldots 1000 = l [1000]^{1000}:$$

folglich hat man:

$$l [1000]^{1000} = 2567{,}6046442221328.$$

Man erfährt hierdurch, daß die Zahl $[1000]^{1000}$, deren Berechnung fast unausführbar ist, 2568 Ziffern haben muß, und daß die sieben ersten Ziffern links 4023872 sind, so daß sie zwischen den Zahlen 4023872 und 4023873 liegt, wenn in jeder noch 2561 Nullen folgen. Diese Kenntniß reicht in vielen Untersuchungen hin, in welchen man nur die Verhältnisse der Producte großer Zahlen sucht; und in solchen Fällen wird der genäherte Werth dieser Verhältnisse, wegen der Unmöglichkeit die nothwendigen Rechnungen auszuführen, um zum völlig genauen Werthe zu gelangen, von ganz vorzüglicher Wichtigkeit. Die Ausdehnung jener Rechnungen bietet alsdann ein eben so unübersteigliches Hinderniß dar, als die Schwierigkeit eine transcendente Function ganz genau zu berechnen. Laplace hat diese Untersuchung, welche in der Wahrscheinlichkeit-Rechnung häufig angewendet wird, sehr ausgedehnt.

---

welches Resultat mit der Formel S. 129. der „Théorie analytique des probabilités" von Laplace übereinstimmt.

§. 436.

Da die bestimmten Integrale, Summen von Reihen geben, wie wir gesehen haben, so sind sie von Laplace, Parceval, Fourier, Poisson und Cauchy mit Erfolg benutzt worden, um die Integrale der partiellen Differential-Gleichungen auszudrücken, welche demjenigen ähnlich sind, welches in §. 352. vorkam und nicht durch eine endliche Anzahl von Gliedern integrirt werden konnte.

Laplace erkannte, daß die im §. 353. erhaltene Reihe

$$z = \varphi(x) + \varphi''(x)\frac{y}{1} + \varphi^{IV}(x)\frac{y^2}{1.2} + \text{etc.}$$

nur die Entwickelung des in Bezug auf t, zwischen den Grenzen $t = -\infty$ und $t = +\infty$, genommenen Integrals

$$\int e^{-t^2} dt\, \varphi(x + 2t\sqrt{y})$$

ist, wobei die Function φ willkürlich ist. Hiervon kann man sich leicht auf folgende Art überzeugen.

Zuerst hat man, nach dem Taylorschen Lehrsatze,

$$\int e^{-t^2} dt\, \varphi(x + 2t\sqrt{y}) =$$

$$\varphi(x)\int e^{-t^2} dt + \frac{y^{\frac{1}{2}}}{1}\varphi'(x)\int e^{-t^2}.2tdt$$

$$+ \frac{y^{\frac{2}{2}}}{1.2}\varphi''(x)\int e^{-t^2} 4t^2 dt + \frac{y^{\frac{3}{2}}}{1.2.3}\varphi'''(x)\int e^{-t^2}.8t^3 dt$$

$$+ \frac{y^{\frac{4}{2}}}{1.2.3.4}\varphi^{IV}(x)\int e^{-t^2}.16t^4 dt + \text{etc.}$$

Zweitens verschwinden die Integrale, welche in der Entwikkelung zurückbleiben, für alle ungeraden Exponenten, und im entgegengesetzten Falle sind sie gleich

$$\frac{1.3.5\ldots.(2r-1)}{2^r}\sqrt{\pi}\ (430.),$$

weil sie zwischen den Grenzen $-\infty$ und $+\infty$ zu nehmen sind. Substituirt man diese Werthe und schließt den constanten Factor $\sqrt{\pi}$ in die willkürliche Function $\varphi(x)$ mit ein, so erhält man just die fragliche Reihe: mithin hat die Gleichung

$$\frac{d^2z}{dx^2} = \frac{dz}{dy}$$

zum Integrale:

$$z = \int e^{-t^2} dt\, \varphi(x + 2t\sqrt{y}).$$

Dieses Integral läßt sich leicht bestätigen. Durch die Differentiation unter dem Zeichen $\int$ (281.) findet man nämlich:

$$\frac{d^2z}{dx^2}=\int e^{-t^2}dt\,\varphi''(x+2t\sqrt{y}),$$

$$\frac{dz}{dy}=\frac{1}{\sqrt{y}}\int e^{-t^2}tdt\,\varphi'(x+2t\sqrt{y})$$

$$=-\frac{1}{2\sqrt{y}}e^{-t^2}\varphi'(x+2t\sqrt{y})+\int e^{-t^2}dt\varphi''(x+2t\sqrt{y});$$

integrirt man durch Theile in Bezug auf den Factor $e^{-t^2}tdt$ und nimmt die Function $\varphi'(x+2t\sqrt{y})$ so an, daß ihr Product mit e^{-t^2} Null bleibt, wenn $t=\infty$, so wird $\frac{dz}{dy}$ denselben Werth annehmen, wie $\frac{d^2z}{dx^2}$.

§. 437.

Wenn man die partielle Differential-Gleichung einer Aufgabe integrirt hat, so bleiben noch die hierdurch eingeführten willkürlichen Functionen zu bestimmen übrig, was oft großen Schwierigkeiten ausgesetzt ist. Fourier, in seinen Untersuchungen über die Wärme, vermied sie zunächst dadurch, daß er sich, statt der Integrale mit willkürlichen Functionen, Entwickelungen gebrauchte wie die in §. 352. angezeigten, welche von einer unbestimmten Anzahl von Gliedern gebildet sind, die willkürliche Coefficienten und Exponenten enthalten. *) Die Bestimmung dieser Größen nach gegebenen Bedingungen hat ihn zu Transformationen geführt, welche für die Auflösung der physico-mathematischen Aufgaben viele Wichtigkeit zu erlangen scheinen: ich will deßhalb einen Begriff von derselben geben.

Es diene zum Beispiele die in 352. und 436. schon behandelte Gleichung

$$\frac{d^2z}{dx^2}=\frac{dz}{dy}.$$

Nimmt man an:

$$z=Ae^{my}\sin nx,$$

so geht sie leicht über in:

$$-n^2=m,$$

---

*) Die Gleichung, mit welcher Fourier sich zunächst beschäftigt, läuft auf $\frac{d^2z}{dx^2}+\frac{d^2z}{dy^2}=0$ oder $r+t=0$ hinaus und nach §. 351. findet man zu ihrem vollständigen Integrale $z=\varphi(y-x\sqrt{-1})+\psi(y+x\sqrt{-1})$. (Théorie de la Chaleur p. 162 et 207.)

welches den unbestimmten Ausdruck

$$z = Ae^{-n^2 y} \sin nx + A_1 e^{-n_1^2 y} \sin n_1 x + \text{rc.}\ ^{*)}$$

darbietet.

Dieses vorausgesetzt, wenn der Werth von z außerdem, im Falle daß $y = o$, zu einer gegebenen Function $f(x)$ werden muß, so erheischt diese Bedingung einen solchen Zusammenhang zwischen den Coefficienten n und A, daß

$$f(x) = A \sin nx + A_1 \sin n_1 x + A_2 \sin n_2 x + \text{rc.},$$

welches darauf hinausläuft die Function $f(x)$ in eine nach den Sinussen der Vielfachen des Bogens x geordnete Reihe zu verwandeln.

Man wird leicht finden, daß die gegebene Differential-Gleichung noch die unbestimmte Entwickelung

$$z = Ae^{-n^2 y} \cos nx + A_1 e^{-n_1^2 y} \cos n_1 x + \text{rc.}$$

zuläßt, und die zu erfüllende Bedingung würde in diesem Falle

$$f(x) = A \cos nx + A_1 \cos n_1 x + A_2 \cos n_2 x + \text{rc.}$$

d. h. die Umwandlung von $f(x)$ in eine nach den Cosinussen der Vielfachen des Bogens x geordnete Reihe seyn.

Man kannte schon mehre Entwickelungen dieser Art: Euler hatte bemerkt, daß

$$\tfrac{1}{2} x = \sin x - \tfrac{1}{2} \sin 2x + \tfrac{1}{3} \sin 3x - \text{rc.},\ ^{**)}$$

welche Formel die Aufgabe löst, wenn $f(x) = x$, weil man aus ihr ableitet

---

*) Diese Entwicklung liegt implicite in der im §. 352. gegebenen. Um sie hervortreten zu lassen, reicht es hin, in der erwähnten Stelle, n in $-n^2$ oder $\sqrt{n}$ in $\pm n\sqrt{-1}$, hierauf A in $\pm \frac{A}{2\sqrt{-1}}$ zu verwandeln, was für z die beiden Ausdrücke

$$\frac{Ae^{-n^2 y + nx\sqrt{-1}}}{2\sqrt{-1}}, \quad -\frac{Ae^{-n^2 y - nx\sqrt{-1}}}{2\sqrt{-1}}$$

giebt, deren Summe

$$Ae^{-n^2 y} \frac{\left(e^{nx\sqrt{-1}} - e^{-nx\sqrt{-1}}\right)}{2\sqrt{-1}} = Ae^{-n^2 y} \sin nx \quad (187.)$$

ist. Eben so verhält es sich mit allen übrigen Gliedern.

**) Diese Reihe ist im „Traité etc." in 4to, im B. I. S. 94. aufgeführt, und Folgendes ist der Weg dieselbe zu erhalten. Wenn man in der Formel $l(1+u) = \frac{u}{1} - \frac{u^2}{3} + \frac{u^3}{3} - \frac{u^4}{4} + \text{rc.}$ (29.)

u in u^{-1} verwandelt, so giebt dieselbe:

$$x = 2 \sin x - \frac{2}{2} \sin 2x + \frac{2}{3} \sin 3x - \text{ꝛc.}$$

$$= A \sin nx + A_1 \sin n_1 x + A_2 \sin n_2 x + \text{ꝛc.},$$

woraus hervorgeht:

$$n = 1, \; n_1 = 2, \quad n_2 = 3, \; \text{ꝛc.},$$

$$A = \frac{2}{1}, \; A_1 = -\frac{2}{2}, \; A_2 = \frac{2}{3} \text{ꝛc.},$$

$$z = 2\left(e^{-y^2} \sin x - \frac{1}{2} e^{-4y^2} \sin 2x + \frac{1}{3} e^{-9y^2} \sin 3x - \text{ꝛc.}\right)$$

§. 438.

Wir wollen bei den übrigen besondern Fällen nicht verweilen, sondern zu den von Fourier erhaltenen Bestimmungen übergehen, und zwar zuerst zu derjenigen der Coefficienten der zweiten Seite der Gleichung

$$f(x) = a_1 \sin x + a_2 \sin 2x + a_3 \sin 3x + \text{ꝛc.}$$

wo die Multiplicatoren des Bogens x die Reihe der natürlichen Zahlen bilden.

Verwandelt man in dieser Gleichung x in t, multiplicirt hierauf die beiden Seiten mit $dt \sin nt$ und nimmt die Integrale von $t = o$ bis $t = \pi$, wofern π den halben Umkreis bedeutet, so erhält man:

$$l(1 + u^{-1}) = \frac{u^{-1}}{1} - \frac{u^{-2}}{2} + \frac{u^{-3}}{3} - \frac{u^{-4}}{4} + \text{ꝛc.};$$

und durch die Subtraction leitet man hieraus ab:

$$l(1+u) - l(1+u^{-1}) = l\,\frac{1+u}{1+u^{-1}} = lu = \frac{u - u^{-1}}{1} - \frac{u^2 - u^{-2}}{2} + \frac{u^3 - u^{-3}}{3} - \text{ꝛc.}$$

Macht man nun $u = e^{x\sqrt{-1}}$, weßhalb $lu = x\sqrt{-1}$,

$$u^m - u^{-m} = e^{mx\sqrt{-1}} - e^{-mx\sqrt{-1}} = 2\sqrt{-1} \sin mx,$$

so erhält man durch die Substitution dieser Werthe

$$x = 2\left(\frac{\sin x}{1} - \frac{\sin 2x}{2} + \frac{\sin 3x}{3} - \text{ꝛc.}\right),$$ und folglich:

$$\frac{1}{2} x = \sin x - \frac{1}{2} \sin 2x + \frac{1}{3} \sin 3x - \text{ꝛc.}$$

Ueberdies kann man, weil $x^2 = \frac{1}{2} \int x dx$, $x^3 = \frac{1}{3} \int x^2 dx$ ꝛc. leicht zu den höhern Potenzen von x aufsteigen, wie Daniel Bernoulli in den „Novi Comment. Acad. Petropolitanae“ Jahrg. 1772. S. 9., allein zu einem andern Zwecke, gethan hat.

$$\int f(t)\,dt \sin nt = a_1 \int dt \sin t \sin nt + a_2 \int dt \sin 2t \sin nt \,.\,.$$
$$\ldots\ldots + a_m \int dt \sin mt \sin nt + \text{ꝛc.}$$

Allein

$$\left.\begin{aligned}\int dt \sin mt \sin nt = \frac{1}{2}\int dt \cos(m-n)t \\ -\frac{1}{2}\int dt \cos(m+n)t\end{aligned}\right\} =$$

$$\frac{\sin(m-n)t}{2(m-n)} - \frac{\sin(m+n)t}{2(m+n)} \quad (218.),$$

welcher Ausdruck in den Grenzen o und π Null wird, so lange n, welches immer als ganze Zahl betrachtet wird, von m verschieden ist. Mithin werden bei jedem Werthe, den man n zuweist, alle Glieder der vorhergehenden Reihe verschwinden, mit Ausnahme desjenigen, dessen Stellenzeiger jenem Werthe gleich ist. Der zweite Theil dieses Gliedes verschwindet auch noch, allein der erste Theil desselben, welcher sich unter der Form $\frac{0}{0}$ darbietet, hat zum wahren Werthe $\frac{t}{2}$ und wird zwischen den fraglichen Grenzen $\frac{\pi}{2}$: folglich erhält man:

$$\int_0^\pi f(t)dt \sin mt = a_m \frac{\pi}{2},$$

und mithin:

$$a_m = \frac{2}{\pi}\int_0^\pi f(t)\,dt \sin mt.$$

Auf diese Art wird jeder der Coefficienten a_1, a_2, ꝛc. durch ein bestimmtes zwischen den Grenzen o und π zu nehmendes Integral ausgedrückt, und man hat zur gesuchten Entwickelung

$$f(x) = \frac{2}{\pi}\Big\{\sin x \int f(t)\,dt \sin t + \sin 2x \int f(t)\,dt \sin 2t \ldots\ldots$$
$$+ \sin mx \int f(t)dt \sin mt + \text{ꝛc.}\Big\} \quad \ldots\ldots \quad (A).$$

Wenn $f(x) = x$, so erfolgt:

$$\int f(t)\,dt \sin mt = \int t dt \sin mt$$
$$= -\frac{t \cos mt}{m} + \frac{1}{m}\int dt \cos mt$$
$$= -\frac{t \cos mt}{m} + \frac{\sin mt}{m^2};$$

und zwischen den Grenzen o und π reducirt dieses sich auf:

$$-\frac{\pi \cos m\pi}{m} = -\frac{\pi(-1)^m}{m}.$$

Giebt man hierauf m die Werthe 1, 2, 3, und läßt den gemeinschaftlichen Factor beider Seiten d. i. π weg, so findet man die im vorigen §. aufgeführte besondere Entwickelung

$$x = 2(\sin x - \tfrac{1}{2}\sin 2x + \tfrac{1}{3}\sin 3x - \text{etc.}).$$

§. 439.

Es sey noch

$$f(x) = a_0 \cos ox + a_1 \cos x + a_2 \cos 2x + \text{etc.}:$$

ersetzen wir x durch t, multipliciren mit $dt \cos nt$ und nehmen die Integrale von $t = o$ bis $t = \pi$, so erhalten wir:

$$\int f(t)dt \cos nt = a_0 \int dt \cos ot \cos nt + a_1 \int dt \cos t \cos nt \ldots.$$
$$+ a_m \int dt \cos mt \cos nt, \text{ und hierauf:}$$
$$\int dt \cos mt \cos nt = \tfrac{1}{2}\int dt \cos(m-n)t + \tfrac{1}{2}\int dt \cos(m+n)t$$
$$= \frac{\sin(m-n)t}{2(m-n)} + \frac{\sin(m+n)t}{2(m+n)},$$

welcher Ausdruck in den Grenzen o und π verschwindet, wofern nicht $n = m$. Ist dieses Letztere der Fall, so hat der erste Theil jenes Ausdrucks zum wahren Werthe $\frac{\pi}{2}$, und nun folgt bald, daß

$$a_m = \frac{2}{\pi}\int_o^\pi f(t)\,dt \cos mt.$$

Man muß jedoch von diesem Resultate das erste Glied der obigen Reihe ausnehmen, da $n = o$ bloß giebt

$$\int_o^\pi f(t)\,dt = a_0 \int_o^\pi dt = a_0 \pi,$$

weßhalb

$$a_0 = \frac{1}{\pi}\int_o^\pi f(t)dt.$$

Man hat also endlich:

$$f(x) = \frac{1}{\pi}\int f(t)dt +$$
$$\left.\frac{2}{\pi}\left\{\begin{matrix}\cos x \int f(t)\cos t + \cos 2x \int f(t)\,dt \cos 2t \ldots \\ \ldots\ldots\ldots + \cos mx \int f(t)\,dt \cos mt + \text{etc.}\end{matrix}\right\}\right\} \text{(B)},$$

wofern die Integrale zwischen den Grenzen o und π genommen werden.

§. 440.

Diese Ausdrücke lassen hinsichtlich ihrer Ausdehnung sehr delicate Untersuchungen zu. Es ist hier nicht der Ort bei diesen Details zu verweilen, allein ich will dieselben wenigstens von ferne dadurch andeuten, daß ich den Gang der Werthe der beiden Seiten der Gleichung

$$\tfrac{1}{2}x = \sin x - \tfrac{1}{2}\sin 2x + \tfrac{1}{3}\sin 3x - \text{rc.}$$

anzeige.

Jene Werthe verschwinden, wenn $x = o$; und wenn man $x = \frac{\pi}{2}$ macht, so zieht man daraus

$$\tfrac{1}{4}\pi = 1 - \tfrac{1}{3} + \tfrac{1}{5} - \tfrac{1}{7} + \text{rc.},$$

ein bekannter Werth (38). Allein wenn man $x = \pi$ annimmt, welches $\frac{1}{2}\pi$ für die erste Seite giebt, so verschwindet die zweite: eben so verhält es sich mit dem Werthe $x = -\pi$, so daß die Entwicklung nur zwischen den Grenzen $x = \pm\pi$ ausschließlich genau ist, d. h. daß die Werthe von $\frac{\pi}{2}$ und $-\frac{\pi}{2}$ nicht mit inbegriffen sind.

Macht man hierauf

$$x = \pi + y,$$

so wird die Entwickelung:

$$-\sin y - \tfrac{1}{2}\sin 2y - \tfrac{1}{3}\sin 3y - \text{rc.},$$

und entspricht nicht mehr der ersten Seite, welche $\frac{1}{2}(\pi + y)$ ist; allein wenn x in $\pi - y$ verwandelt, so erfolgt:

$$\tfrac{1}{2}(\pi - y) = \sin y + \tfrac{1}{2}\sin 2y + \tfrac{1}{3}\sin 3y + \text{rc.},$$

welches zeigt, daß die Entwickelung in y den Werth des negativen Bogens $\frac{1}{2}(y - \pi)$ giebt, mit der Ausnahme desjenigen Falles jedoch, daß $y = o$.

Man hat noch zu bemerken, daß die Entwickelung von $\frac{1}{2}x$ unmittelbar diejenige der Function $ax + b$ giebt, welche die Ordinate einer beliebigen geraden Linie ausdrückt; allein während die Function die Gerade in ihrer ganzen Ausdehnung vorstellt, entspricht die Entwickelung in Sinussen nur demjenigen Theile der Geraden welcher zwischen den Abscissen $+\pi$ und $-\pi$ ausschließlich liegt. Man kann durch Aenderung der Veränderlichen zu andern Grenzen übergehen, wie wir später sehen werden (442); allein man wird immerhin nur einen Theil der Geraden erhalten.

§. 441.

Die Entwickelungen (A) und (B) scheinen respective zwei Arten von Functionen vorstellen zu müssen. Die erste, deren sämmtliche Glieder mit x ihr Zeichen ändern, entspricht den Fällen, in welchen f(x) eine Function ist, welche dieselbe Eigenschaft besitzt und welche eine ungerade Function genannt wird, weil sie, wenn sie nach Potenzen von x entwickelt würde, nur ungerade enthalten würde.

Die zweite Entwickelung, welche die entgegengesetzte Eigenschaft besitzt, diejenige nämlich, ihr Zeichen beizubehalten, obschon das Zeichen von x sich ändert, würde besonders auf gerade Functionen anwendbar seyn; allein beide sind nur Reihen, die man durch ein neues bestimmtes Integral ersetzen kann, wie wir sogleich sehen werden.

Beginnen wir deßhalb damit, sie zu vereinigen, indem wir bemerken, daß eine beliebige Function F(x) in zwei Theile zerlegt werden kann, deren einer gerade d. i. so beschaffen ist, daß er, durch $\varphi(x)$ vorgestellt, $\varphi(x) = \varphi(-x)$ giebt, und der andere ungerade d. i. von solcher Beschaffenheit ist, daß er, durch $\psi(x)$ bezeichnet, $\psi(x) = -\psi(x)$ giebt. Drückt man den ersten durch die Reihe (B) und den zweiten durch die Reihe (A) aus, und nimmt ihre Summe, so erhält man:

$$\varphi(x) + \psi(x) = F(x) = \frac{1}{\pi}\int\varphi(t)\,dt + \frac{2}{\pi}\left\{\begin{array}{l}\cos x\int\varphi(t)dt\cos t + \cos 2x\int\varphi(t)dt\cos 2t + \text{etc.}\\ + \sin x\int\psi(t)dt\sin t + \sin 2x\int\psi(t)dt\sin 2t + \text{etc.}\end{array}\right\},$$

wofern die Grenzen dieser Integrale fortwährend o und π sind.

Man kann sie von $-\pi$ bis $+\pi$ ausdehnen, wofern man die erste Seite verdoppelt, weil die Function $\varphi(t)$, da sie gerade ist, von o zu $-\pi$ durch dieselben Werthe hindurchgehen wird wie von o zu π, so wie die Cosinusse. Die Function $\psi(t)$ wird zwar in diesen Zwischenräumen verschiedene Zeichen haben; allein da sie immer mit einem Sinus multiplicirt ist, der zu gleicher Zeit sein Zeichen ändert, so wird das Product dasselbe Zeichen behalten: das totale Resultat wird demnach verdoppelt werden. Nimmt man also die Integrale von $-\pi$ bis $+\pi$, so hat man aufzustellen:

$$2F(x) = \frac{1}{\pi}\int\varphi(t)dt + \frac{2}{\pi}\left\{\begin{array}{l}\cos x\int\varphi(t)dt\cos t + \cos 2x\int\varphi(t)dt\cos 2t + \text{etc.}\\ + \sin x\int\psi(t)dt\sin t + \sin 2x\int\psi(t)\,dt\sin 2t + \text{etc.}\end{array}\right\}.$$

Nun muß man die gegebene Function F(x) anstatt der Functionen φ und ψ einführen, welches leicht geschehen kann, wenn man bemerkt, daß

$$\int_{-\pi}^{\pi} \psi(t)\,dt \cos mt, \int_{-\pi}^{\pi} \varphi(t)dt \sin mt$$

stets Null sind, weil das zu integrirende Differential das Product zweier Factoren ist, deren bloß einer sein Zeichen zugleich mit t ändert, nämlich $\psi(t)$ in dem ersten und sin mt in dem zweiten. Man kann deßhalb, ohne die letzte Entwickelung zu stören, diejenigen Glieder zu ihr hinzufügen, welche in den Ausdrücken

$$\cos mx \int \psi(t) dt \cos mt, \quad \sin mx \int \varphi(t) dt \sin mt$$

liegen: multiplicirt man sodann die beiden Seiten der Gleichung mit π und dividirt sie durch 2, so erhält man

$$\pi F(x) = \tfrac{1}{2}\int[\varphi(t)+\psi(t)]dt \left.\begin{matrix} + \cos x\int[\varphi(t)+\psi(t)]dt \cos t + \text{ꝛc.} \\ + \sin x\int[\varphi(t)+\psi(t)]dt \sin t + \text{ꝛc.}\end{matrix}\right\},$$

und folglich:

$$\pi F(x) = \tfrac{1}{2}\int F(t)dt \left.\begin{matrix} + \cos x\int F(t)dt \cos t + \cos 2x\int F(t)dt \cos 2t + \text{ꝛc.} \\ + \sin x\int F(t)dt \sin t + \sin 2x\int F(t)dt \sin 2t + \text{ꝛc.}\end{matrix}\right\}.$$

Da das Zeichen $\int$ nur auf t bezüglich ist, so kann man die Factoren in x unter's $\int$ bringen; und da

$$\cos x \cos t + \sin x \sin t = \cos(x-t),$$
$$\cos 2x \cos t + \sin 2x \sin 2t = \cos 2(x-t),$$
ꝛc.,

so kann die vorhergehende Gleichung auf

$$\pi F(x) = \int_{-\pi}^{\pi} F(t)dt \left\{\tfrac{1}{2} + \cos(x-t) + \cos 2(x-t) + \text{ꝛc.}\right\}.$$

reducirt werden. Man kürzt dieselbe noch dadurch ab, daß man

$$\pi F(x) = \int_{-\pi}^{\pi} F(t)dt \left\{\tfrac{1}{2} + S \cos m(x-t)\right)$$

schreibt, wofern die Summe S von m = 1 bis m = ∞ genommen ist und die beiden äußersten Werthe einschließt. *)

*) In Gemäßheit der im §. 408. nach Euler aufgestellten Unterscheidung (Institutiones Calculi Differentialis Pars 1ma cap. II. nr. 59.) schreibe ich hier das Zeichen S, anstatt Σ, welches man anderwärts findet.

§. 442.

Man kann dem Integrale anstatt π beliebige Grenzen geben; man braucht dieserhalb nur x und t in $\frac{\pi x'}{a}$ und $\frac{\pi t'}{a}$ zu verwandeln; macht man alsdann

$$\frac{\pi t'}{a} = -\pi, \quad \frac{\pi t'}{a} = +\pi,$$

so werden die Grenzen von t' $-a$ und $+a$ seyn, dt wird $\frac{\pi dt'}{a}$ werden, und man wird haben:

$$\pi F\left(\frac{\pi x'}{a}\right) = \frac{\pi}{a}\int_{-a}^{a} F\left(\frac{\pi t'}{a}\right) dt' \left\{\tfrac{1}{2} + S \cos\frac{m\pi}{a}(x' - t')\right\}.$$

Löscht man nun den gemeinschaftlichen Factor π aus, läßt bei den Buchstaben x und t den nun überflüssigen Accent weg und schreibt $f(x)$, $f(t)$ für $F\left(\frac{\pi x}{a}\right)$, $F\left(\frac{\pi t}{a}\right)$; so erfolgt:

$$f(x) = \int_{-a}^{a} f(t) dt \left\{\frac{1}{2a} + \int \frac{1}{a} \cos\frac{m\pi}{a}(x - t)\right\}.$$

§. 443.

Da die Größe a in dieser letzten Formel keiner Einschränkung unterworfen ist, so kann man sie unendlich groß annehmen, und man erhält für $F(x)$ einen Ausdruck, in welchem die Summe S durch ein Integral von einem Differentiale ersetzt wird. Man stellt zuerst auf:

$$\frac{m\pi}{a} = q, \quad \frac{(m+1)\pi}{a} = q_1,$$

woraus folgt:

$$\frac{\pi}{a} = \Delta q, \quad \frac{1}{a} = \frac{\Delta q}{\pi},$$

$$f(x) = \int_{-a}^{a} f(t) dt \left\{\frac{1}{2a} + \frac{1}{\pi} S \Delta q \cos q(x - t)\right\}.$$

Je mehr nun a zunimmt, desto mehr nimmt Δq ab, desto mehr nähert sich die Summe S einem Integrale von einem Differentiale (232.); und um zu dieser Grenze überzugehen, hat man nur Δq in dq zu verwandeln, indem man beachtet, daß die Veränderliche q alle möglichen Werthe von o bis ∞ annehmen wird: man wird also haben:

$$f(x) = \frac{1}{\pi} \int f(t) dt \int dq \cos q (x - t),$$

in welcher Formel die auf q bezügliche Integration von o bis ∞ und die auf t bezügliche von $-\infty$ bis ∞ auszudehnen ist.

Dieses letzte Resultat zerfällt in zwei andere, wenn man die geraden Functionen von den ungeraden trennt. Man substituirt alsdann für $\cos q (x - t)$ dessen Werth $\cos qx \cos qt + \sin qx \sin qt$, und, indem man die Ordnung der Integrationen ändert, erfolgt:

$$f(x) = \frac{1}{\pi} \int dq \cos qx \int f(t) dt \cos qt$$

$$+ \frac{1}{\pi} \int dq \sin qx \int f(t) dt \sin qt:$$

ersetzt man hierauf die beliebige Function $f(x)$ durch eine gerade Function $\varphi(x)$, dann durch eine ungerade $\psi(x)$, indem man bemerkt, daß

$$\int_{-a}^{a} \varphi(t) dt \sin qt = o, \int_{-a}^{a} \psi(t) dt \cos qt = o,$$

zu Folge des im §. 441. Gesagten, so wird man die beiden Ausdrücke

$$\varphi(x) = \frac{1}{\pi} \int dq \cos qx \int \varphi(t) dt \cos qt,$$

$$\psi(x) = \frac{1}{\pi} \int dq \sin qx \int \psi) t) dt \sin qt,$$

erhalten, wofern die Integrale zwischen Grenzen o und ∞ bei der Veränderlichen q und zwischen $+\infty$ und $-\infty$ bei der Veränderlichen t genommen werden.

§. 444.

Mit den vorhergehenden Formeln, welche man Fourier verdankt, haben sich auch Poisson und Cauchy viel beschäftigt. Diese haben dieselben auf Functionen von mehren Veränderlichen angewandt und sind dazu auf verschiedenen Wegen gelangt. Ich will den Leser, welcher sich hiermit bekannt machen will, auf ihre Schriften verweisen. *)

---

*) Siehe das 18. und 19. Heft des „Journal de l'Ecole Polytechnique“ die „Exercices d'analyse“ von Cauchy und den 6. Band der „Nouveaux mémoires de l'Académie des Sciences.“ — In dieser letzten Schrift wendet Poisson die obige Verwandlung an, um zu dem in der Note zur Seite 601 angezeigten Ausdrucke von $\int udx$ zu gelangen

Ich will bloß eine Art erwähnen, wie Poisson die Hauptformel

$$f(x) = \frac{1}{\pi} \int f(t) dt \int dq \cos q (x - t)$$

a posteriori bewährte, indem er $\int_0^\infty dq \cos q (x - t)$ als die Grenze behandelt, zu welcher das Integral $\int e^{-a^2 q^2} dq \cos q (x-t)$ hinstrebt, je mehr die Größe a abnimmt.

Diese letzte Formel kommt auf diejenige des §. 431. zurück, in welcher man nur r in $x - t$ und x in q zu verwandeln braucht, um

$$\int e^{-a^2 q^2} dq \cos (x - t) q = \frac{e^{-\frac{(x-t)^2}{4a^2}} \sqrt{\pi}}{2a}$$

und folglich

$$f(x) = \frac{1}{\pi} \int \frac{e^{-\frac{(x-t)^2}{4a^2}} \sqrt{\pi}}{2a} f(t) dt$$

$$= \frac{1}{2a\sqrt{\pi}} \int e^{-\frac{(x-t)^2}{4a^2}} f(t) dt$$

zu verwandeln.

Dieses vorausgesetzt nimmt der Factor $e^{-\frac{(x-t)^2}{4a^2}}$ zugleich mit a ab und strebt zu verschwinden, wofern nicht der Zähler $(x-t)^2$ seines Exponenten von einer Kleinheit ist, die sich mit derjenigen von a vergleichen läßt, welches Statt finden wird, wenn der Werth der Veränderlichen t von demjenigen von x wenig unterschieden seyn wird: das angezeigte Integral wird also bloß in

---

und um die Grenzen des Irrthums zu bestimmen, den man begeht, wenn man mit einem beliebigen Gliede schließt. Im Jahr 1814 hatte Gauß denselben Gegenstand behandelt, allein auf einem Wege, der von den Interpolations-Formeln abgeleitet ist und sich auf das im §. 388. Vorgetragene beziehen läßt. (Siehe den 3. Band der „Commentationes societatis Gottingensis recentiores" Jahrg. 1814—1815.)
L.

Ein neuer Beweis der höchst einfachen und zierlichen Gaußischen Resultate, von H. Prof. Dr. Jakobi zu Königsberg in Ostpreußen, findet sich im ersten Bande des Crelle'schen Journals.
B.

diesem Falle einen angebbaren Werth annehmen. Um diesen ausfindig zu machen, muß man

$$t = x + z$$

machen und annehmen, daß der Werth von z immer in so engen Grenzen bleibe, daß man ihn immer als unendlich klein ansehen könne, und daß es mithin gestattet sey, $f(x+z)$ auf $f(x)$ zu reduciren; es erfolgt alsdann

$$f(x) = \frac{1}{2a\sqrt{\pi}} \int e^{-\frac{z^2}{4a^2}} f(x)dz = \frac{f(x)}{2a\sqrt{\pi}} \int e^{-\frac{z^2}{4a^2}} dz.$$

Weil nun aber das in der zweiten Seite enthaltene Integral sobald verschwindet, als z einen angebbaren Werth hat, so ändert man denjenigen jenes Integrals nicht, wenn man z selbst bis in's Unendliche ausdehnt; allein zwischen diesen Grenzen ist

$$\int e^{-\frac{z^2}{4a^2}} dz = 2a\sqrt{\pi},$$

welches a in dem Ausdrucke $f(x)$ verschwinden und diesen identisch macht.

Man kann nicht leugnen, daß das eben vorgetragene Verfahren, welches bloß auf den Werth eines bestimmten Integrals gestützt ist, dem man strenge genommen nur ein einziges Element zuweist, wenigstens sehr delicat scheinen müsse; allein dasselbe gewinnt dadurch an Stärke, daß es bei der Anwendung auf noch andere Integrale und insbesondere auf eines derjenigen des §. 432. stets zu demselben Resultate führt, welches man außerdem a priori durch sehr verschiedene Betrachtungen erhalten hat.

Um sich einen recht klaren Begriff von diesem Uebergange von einer endlichen zu einer unendlichen Grenze zu machen, ist es vielleicht nicht unnütz, den Gang der Werthe eines dem vorhergehenden analogen Integrals zu untersuchen. Ein solches ist $\int e^{-t^2}dt$, wofür man am Ende der „Analyse des Réfractions astronomiques" von Kranz eine Tabelle findet. Man sieht, daß dieses Integral, dessen Werth zwischen den Grenzen 0 und ∞ $\sqrt{\pi} = 0{,}88622692$ ist, schon auf 0,00001958 reducirt wird, wenn t bloß 3 ist. Die Abnahme muß noch viel schneller seyn, wenn der Exponent $-t^2$, wie in der oben behandelten Formel, durch das Quadrat einer sehr kleinen Zahl dividirt wird; und wenn man diesen Exponenten unendlich klein annimmt, so sucht und erhält man eine strenge Grenze.

Errata des zweiten und dritten Bandes.

Zweiter Band.

Seite 123 Zeile 6 anstatt $\frac{dM}{dx}$ lese man $\frac{dN}{dx}$

— 131 — 6 — $Z = z$ lese man $Z_1 = z$

— 135	in der Ueberschrift	anstatt Rinati l. m. Riccati
— 135	Z. 4 u. 7. von unten	
— 136	in der Ueberschrift	
— 137	— — — —	
— 138	— — — —	
— 139	— — — —	

Dritter Band.

Seite 38 anstatt der Ueberschrift „Interpolationen" l. m. Beispiele von Interpolationen

— 51 in der Ueberschrift anstatt „der" l. m. des

— 62 Z. 8 v. u. anstatt $-\frac{1}{132}$ l. m. $\frac{1}{132}$

— 63 Z. 7 anstatt „hat" l. m. hat man

— 67 anstatt der Ueberschrift „Integrationen durch Theile beim Σ" l. m. die Ueberschrift von S. 66

— 85 anstatt der Ueberschrift „Gleich. mit (Differenzen u. Differentialen)" l. m. die Gleich. m. gemischten Differenzen (Differenzen u. Differentialen)

— 103 anstatt der Ueberschrift . . . l. m. die Ueberschrift von S. 102

Nach Lacroix Variat. am Ende der ersten Seite eines jeden Bogens von 1 bis 7 des 3ten Bandes ist noch „ꝛc." hinzuzufügen.

FSC
www.fsc.org
MIX
Papier | Fördert gute Waldnutzung
FSC® C083411

Zeitfracht Medien GmbH
Ferdinand-Jühlke-Straße 7
99095 Erfurt, Deutschland
produktsicherheit@kolibri360.de